图书在版编目（CIP）数据

中华人民共和国2007年版标准施工招标文件使用指南 /《中华人民共和国2007年版标准施工招标文件使用指南》编写组编. —北京：中国计划出版社，2008.4

ISBN 978-7-80242-087-8

Ⅰ. 中… Ⅱ. 中… Ⅲ. 建筑工程-工程施工-招标-文件-中国-2007-指南 Ⅳ. TU723-62

中国版本图书馆CIP数据核字（2008）第030066号

中华人民共和国
2007年版标准施工招标文件使用指南
本书编写组

☆

中国计划出版社出版
（地址：北京市西城区木樨地北里甲11号国宏大厦C座4层）
（邮政编码：100038 电话：63906433 63906381）
新华书店北京发行所发行
三河富华印刷包装有限公司印刷

880×1230毫米 1/16 14印张 276千字
2008年4月第一版 2008年4月第一次印刷
印数1—30100册

☆

ISBN 978-7-80242-087-8
定价：50.00元

使 用 说 明

一、《标准施工招标文件》适用于一定规模以上，且设计和施工不是由同一承包商承担的工程施工招标。

二、《标准施工招标文件》用相同序号标示的章、节、条、款、项、目，供招标人和投标人选择使用；以空格标示的由招标人填写的内容，招标人应根据招标项目具体特点和实际需要具体化，确实没有需要填写的，在空格中用“/”标示。

三、招标人按照《标准施工招标文件》第一章的格式发布招标公告或发出投标邀请书后，将实际发布的招标公告或实际发出的投标邀请书编入出售的招标文件中，作为投标邀请。其中，招标公告应同时注明发布所在的所有媒介名称。

四、《标准施工招标文件》第三章“评标办法”分别规定经评审的最低投标价法和综合评估法两种评标方法，供招标人根据招标项目具体特点和实际需要选择适用。招标人选择适用综合评估法的，各评审因素的评审标准、分值和权重等由招标人自主确定。国务院有关部门对各评审因素的评审标准、分值和权重等有规定的，从其规定。

第三章“评标办法”前附表应按试行规定要求列明全部评审因素和评审标准，并在本章（前附表及正文）标明投标人不满足其要求即导致废标的全部条款。

五、《标准施工招标文件》第五章“工程量清单”由招标人根据工程量清单的国家标准、行业标准，以及行业标准施工招标文件（如有）、招标项目具体特点和实际需要编制，并与“投标人须知”、“通用合同条款”、“专用合同条款”、“技术标准和要求”、“图纸”相衔接。本章所附表格可根据有关规定作相应的调整和补充。

六、《标准施工招标文件》第六章“图纸”由招标人根据行业标准施工招标文件（如有）、招标项目具体特点和实际需要编制，并与“投标人须知”、“通用合同条款”、“专用合同条款”、“技术标准和要求”相衔接。

七、《标准施工招标文件》第七章“技术标准和要求”由招标人根据行业标准施工招标文件（如有）、招标项目具体特点和实际需要编制。“技术标准和要求”中的各项技术标准应符合国家强制性标准，不得要求或标明某一特定的专利、商标、名称、设计、原产地或生产供应者，不得含有倾向或者排斥潜在投标人的其他内容。如果必须引用某一生产供应者的技术标准才能准确或清楚地说明拟招标项目的技术标准时，则应当在参照后面加上“或相当于”字样。

八、《标准施工招标文件》为2007年版，将根据实际执行过程中出现的问题及时进行修改。各使用单位或个人对《标准施工招标文件》的修改意见和建议，可向编制工作小组反映。

联系电话：（010）68502510

《标准施工招标文件》基本内容

《标准施工招标文件》共包含封面格式和四卷八章的内容，第一卷包括第一章至第五章，涉及招标公告（投标邀请书）、投标人须知、评标办法、合同条款及格式、工程量清单等内容；第二卷由第六章图纸组成；第三卷由第七章技术标准和要求组成。第四卷由第八章投标文件格式组成。第一卷并列给出了三个第一章，两个第三章，由招标人根据项目特点和实际需要分别选择使用。标准招标文件相同序号标示的节、条、款、项、目，由招标人依据需要选择其一形成一份完整的招标文件。各章内容简要介绍如下：

第一章招标公告（未进行资格预审），包括招标条件、项目概况与招标范围、投标人资格要求、招标文件的获取、投标文件的递交、发布公告的媒介和联系方式等内容。

第一章投标邀请书（适用于邀请招标），包括被邀请单位名称、招标条件、项目概况与招标范围、投标人资格要求、招标文件的获取、投标文件的递交、确认和联系方式等内容。

第一章投标邀请书（代资格预审通过通知书），其中包括被邀请单位名称、购买招标文件的时间、售价、投标截止时间、收到邀请书的确认时间和联系方式等内容。

第二章投标人须知，包括投标人须知前附表、正文和附表格式。正文有：（1）总则，包括项目概况、资金来源和落实情况、招标范围、计划工期和质量要求、投标人资格要求等内容；（2）招标文件，包括招标文件的组成、招标文件的澄清与修改等内容；（3）投标文件，包括投标文件的组成、投标报价、投标有效期、投标保证金和投标文件的编制等内容；（4）投标，包括投标文件的密封和标识、投标文件的递交和投标文件的修改与撤回等内容；（5）开标，包括开标时间、地点和开标程序；（6）评标，包括评标委员会和评标原则等内容；（7）合同授予；（8）重新招标和不再招标；（9）纪律和监督；（10）需要补充的其他内容。附表格式分别是：开标记录表、中标通知书、中标结果通知书等格式。

第三章评标办法，分为经评审的最低投标价法和综合评估法两种评标办法，供招标人根据项目具体特点和实际需要选择适用。每种办法都包括评标办法前附表和正文。正文包括评标方法、评审标准和评标程序等内容。

第四章合同条款及格式，包括通用合同条款、专用合同条款和合同附件格式三节。通用合同条款包括一般约定、发包人义务、监理人、承包人、材料和工程设备、施工设备和临时设施、交通运输、测量放线、施工安全、治安保卫和环境保护、进度计划、开工和竣工、暂停施工、工程质量、试验和检验、变更、价格调整、计量与支付、竣工验收、缺陷责任与保修责任、保险、不可抗力、违约、索赔、争议的解决。专用合同条款由国务院有关行业主管部门和招标人根据需要编制。合同附件格式，包括合同协议书、履约担保、预付款担保等三个格式文件。

第五章工程量清单，包括工程量清单说明、投标报价说明、其他说明和工程量清单的格式等内容。

第六章图纸，包括图纸目录和图纸两部分。

第七章技术标准和要求，由招标人依据行业管理规定和项目特点进行编制。

第八章投标文件格式，包括投标函及投标函附录、法定代表人身份证明（授权委托书）、联合体协议书、投标保证金、已标价工程量清单、施工组织设计、项目管理机构、拟分包项目情况表、资格审查资料、其他材料等十个方面的格式或内容要求。

__________（项目名称）__________标段施工招标

招　标　文　件

招标人：__________（盖单位章）

_____年_____月_____日

（1）项目名称指项目审批、核准机关出具的有关文件中载明的或备案机关出具的备案文件中确认的项目名称，标段指本招标文件对应的合同段。如果仅有一个标段，则需要在标段空格中用“/”表明此项目没有划分标段，也可直接删除“__________标段”。

（2）在“招标人”后的空格内填写依法提出招标项目、进行招标的法人或者其他组织的名称的全称。

（3）年月日由招标人在编制招标文件时填写。

（4）依据需要，招标人可以对封面内容进行补充，如增加项目编号、招标编号、招标人及招标代理机构的法定代表人或其委托代理人签字或盖章等内容。

目　　录

第　一　卷

第　二　卷

第　三　卷

第　四　卷

第 一 卷

第一章 招标公告（未进行资格预审）

__________（项目名称）__________标段施工招标公告

根据《〈标准施工招标资格预审文件〉和〈标准施工招标文件〉试行规定》（国家发展改革委等九部委 56 号令，以下简称 56 号令），招标人可根据项目具体特点和实际需要对本章内容进行修改、补充和细化，但应遵守《招标投标法》第 16 条和《招标公告发布暂行办法》（国家发展计划委员会 4 号令，以下简称 4 号令）等有关法律规章规定。

1. 招标条件

本招标项目____[1]____（项目名称）已由____[2]____（项目审批、核准或备案机关名称）以____[3]____（批文名称及编号）批准建设，项目业主为____[4]____，建设资金来自____[5]____（资金来源），项目出资比例为____[6]____，招标人为____[7]____。项目已具备招标条件，现对该项目的施工进行公开招标。

[1] 须与招标文件封面上的项目名称保持一致。

[2] 指本项目审批、核准或备案机关名称，如：国家发展和改革委员会或湖北省发展和改革委员会或天津市发展和改革委员会等。

[3] 指项目审批、核准或备案文件的名称及编号。

[4] “项目业主”指本项目审批、核准或备案文件中载明的项目单位。

[5] 指资金来源，如国债资金、银行贷款、自筹资金等，依据资金来源填写。

[6] 指项目的出资比例，如：国债资金 40%，银行贷款 50%，企业自筹 10%；如全部为国债资金，则直接填写：100%国债资金。

[7] 指负责本次招标的招标人名称，应与招标文件封面上的招标人名称一致。招标人是指依法提出招标项目、进行招标的法人或者其他组织。招标人既可以是项目业主，也可以是项目业主授权独立进行招标活动但由项目业主承担民事责任的法人或者其他组织。

2. 项目概况与招标范围

________（说明本次招标项目的建设地点、规模、计划工期、招标范围、标段划分等）。

项目概况主要从宏观角度简要介绍项目的建设地点、规模、计划工期等内容；招标范围则需针对本次招标的项目内容、标段划分及各标段的内容进行概括性的描述，使潜在投标人能够初步判断其是否感兴趣、是否有实力完成该项目的实施。关于标段的划分，《工程建设项目施工招标投标办法》（国家计委等七部委 30 号令，以下简称 30 号令）第 27 条规定，对工程技术上紧密相连、不可分割的单位工程不得分割标段。招标人不得以不合理的标段或工期限制或者排斥潜在投标人或者投标人。《合同法》第 272 条规定，发包人不得将应当由一个承包人完成的建设工程肢解成若干部分发包给几个承包人。同时，招标人也不得把招标项目组成部分的标段划分得过小过细，否则达不到“物有所值”的目的。

因篇幅限制，此处内容应做到言简意赅、提纲挈领，具体内容在第二章、第五章和第七章有关部分中作进一步说明。

3. 投标人资格要求

3.1 本次招标要求投标人须具备____[1]____资质，____[2]____业绩，并在人员、设备、资金等方面具有相应的施工能力。

3.2 本次招标____[3]____（接受或不接受）联合体投标。联合体投标的，应满足下列要求：________[4]________。

3.3 各投标人均可就上述标段中的____[5]____（具体数量）个标段投标。

按照 30 号令第 20 条规定，招标人主要审查投标人是否具有独立订立合同的权利，是否具有相应的履约能力等，但不得以不合理的条件限制、排斥投标人，也不得对投标人实行歧视待遇。

[1] 由招标人根据项目具体特点和实际需要，明确提出投标人应具有的最低资质要求。本款提出的要求须与投标人须知第 1.4 款规定一致。企业施工资质的名称、级别应符合《建筑业企业资质管理规定》（建设部 159 号令）的规定，如：<u>铁路工程施工总承包一级及以上资质</u>，或<u>水利水电工程施工总承包二级及以上资质</u>，或<u>建筑装修装饰工程专业承包二级及以上资质</u>等。

[2] 由招标人根据项目具体特点和实际需要，明确提出投标人应具有的业绩要求。本款提出的业绩要求须与投标人须知第 1.4 款规定一致。

[3] 直接填写<u>接受</u>或<u>不接受</u>。但注意，如果填写的是“接受”，则在投标人须知前附表中对应 1.4.2 一栏仅能选择“接受”。

[4] 明确各联合体投标人成员在资质、财务、业绩、信誉等方面应满足的最低要求。此处内容应简练，因为投标人须知前附表和第三章中还会有详细的规定。

[5] 填写具体数量，如：<u>3</u> 个标段，也可以填写具体的标段号，如：<u>一、二</u>，或<u>三、四、五</u>标段。在本款中，招标人可以依据项目特点和市场情况，对投标标段的数量进行限制，避免在后续招标时出现因允许同时参加多个标段投标而造成每个投标人均能获得一个合同的结果。

4. 招标文件的获取

4.1 凡有意参加投标者，请于____[1]____年____[1]____月____[1]____日至____[1]____年____[1]____月____[1]____日（法定公休日、法定节假日除外），每日上午____[1]____时至____[1]____时，下午____[1]____时至____[1]____时（北京时间，下同），在____[2]____（详细地址）持单位介绍信购买招标文件。

4.2 招标文件每套售价____[3]____元，售后不退。图纸押金____[4]____元，在退还图纸时退还（不计利息）。

4.3 邮购招标文件的，需另加手续费（含邮费）____[5]____元。招标人在收到单位介绍信和邮购款（含手续费）后____[6]____日内寄送。

[1] 填写具体的年月日和时间，应注意满足发售时间不少于5个工作日的要求。

[2] 填写具体的招标文件发售地点，包括街道、门牌号、楼层、房间号等，不能以招标人名称替代招标文件发售地点。本款规定持单位介绍信就可购买招标文件，以简化程序，为购买招标文件提供方便。采用电子招标投标的，可以直接从网上下载，无需持单位介绍信。

[3] 填写每套招标文件的售价，如：50元。注意，根据30号令第15条第3款规定，招标文件的售价应当合理，不得以营利为目的。30号令第15条第4款规定，招标文件售出后，不予退还。

[4] 如：5000元。

第4.3款规定了潜在投标人除前往招标文件发售地购买招标文件外，还可以采用邮购等方式购买。依据30号令第15条第2款规定，通过信息网络或其他媒介发布的招标文件，与书面招标文件具有同等法律效力，但出现不一致时以书面文件为准。

[5] 填写具体的手续费（含邮费），如20元。

[6] 填写具体日数，一般填写1或2日内即可。

5. 投标文件的递交

5.1 投标文件递交的截止时间（投标截止时间，下同）为____[1]____年____[1]____月____[1]____日____[1]____时____[1]____分，地点为____[2]____。

5.2 逾期送达的或者未送达指定地点的投标文件，招标人不予受理。

[1] 填写具体的投标文件递交截止时间。招标人应当根据有关法律规定和项目具体特点合理确定。

[2] 填写具体的投标文件接收地点，包括街道、门牌号、楼层和房间号等。

6. 发布公告的媒介

本次招标公告同时在__________（发布公告的媒介名称）上发布。

根据4号令和《国家计委关于指定发布依法必须招标项目招标公告的媒介的通知》，《中国日报》、《中国经济导报》、《中国建设报》和《中国采购与招标网》（http://www.chinabidding.com.cn）为发布依法必须招标项目招标公告的媒介。各地方人民政府依照审批权限审批的依法必须招标的民用建筑项目的招标公告，可在省、自治区、直辖市人民政府发展改革部门指定的媒介发布。

7. 联系方式

招 标 人：__________	招标代理机构：__________
地　　址：__________	地　　址：__________
邮　　编：__________	邮　　编：__________
联 系 人：__________	联 系 人：__________
电　　话：__________	电　　话：__________
传　　真：__________	传　　真：__________
电子邮件：__________	电子邮件：__________
网　　址：__________	网　　址：__________
开户银行：__________	开户银行：__________
账　　号：__________	账　　号：__________

____年____月____日

第一章　投标邀请书（适用于邀请招标）

__________（项目名称）__________标段施工投标邀请书

根据56号令,招标人可根据项目具体特点和实际需要对本章内容进行修改、补充和细化,但应遵守《招标投标法》第17条等有关法律规章规定。

____________（被邀请单位名称）:

1. 招标条件

本招标项目____[1]____（项目名称）已由____[2]____（项目审批、核准或备案机关名称）以____[3]____（批文名称及编号）批准建设，项目业主为____[4]____，建设资金来自____[5]____（资金来源），出资比例为____[6]____，招标人为____[7]____。项目已具备招标条件，现邀请你单位参加____[8]____（项目名称）____[9]____标段施工投标。

[1]、[8]、[9] 须与招标文件封面上的项目名称和标段名称保持一致。

[2] 指本项目审批、核准或备案机关名称，如国家发展和改革委员会或湖北省发展和改革委员会或天津市发展和改革委员会等。

[3] 指项目审批、核准或备案文件的名称及编号。

[4] “项目业主”指本项目审批、核准或备案文件中载明的项目单位。

[5] 指资金来源，如国债资金、银行贷款、自筹资金等，依据资金来源填写。

[6] 指项目的出资比例，如：国债资金40%，银行贷款50%，企业自筹10%；如全部为国债资金，则直接填写：100%国债资金。

[7] 指负责本次招标的招标人名称，应与招标文件封面上的招标人名称一致。招标人是指依法提出招标项目、进行招标的法人或者其他组织。招标人既可以是项目业主，也可以是项目业主授权独立进行招标活动但由项目业主承担民事责任的法人或者其他组织。

2. 项目概况与招标范围

____________（说明本次招标项目的建设地点、规模、计划工期、招标范围、标段划分等）。

项目概况主要从宏观角度简要介绍项目的建设地点、规模、计划工期等内容；招标范围则需针对本次招标的项目内容、标段划分及各标段的内容进行概括性的描述，使潜在投标人能够初步判断其是否感兴趣、是否有实力完成该项目的实施。关于标段的划分，30 号令第 27 条规定，对工程技术上紧密相联、不可分割的单位工程不得分割标段。招标人不得以不合理的标段或工期限制或者排斥潜在投标人或者投标人。《合同法》第 272 条规定，发包人不得将应当由一个承包人完成的建设工程肢解成若干部分发包给几个承包人。同时，招标人也不得把招标项目组成部分的标段划分得过小过细，否则达不到“物有所值”的目的。

因篇幅限制，此处内容应做到言简意赅、提纲挈领，具体内容在第二章、第五章和第七章有关部分中作进一步说明。

3. 投标人资格要求

3.1 本次招标要求投标人具备____[1]____资质，____[2]____业绩，并在人员、设备、资金等方面具有承担本标段施工的能力。

3.2 你单位____[3]____（可以或不可以）组成联合体投标。联合体投标的，应满足下列要求：____________[4]____________。

按照 30 号令第 20 条规定，招标人主要审查投标人是否具有独立订立合同的权利，是否具有相应的履约能力等，但不得以不合理的条件限制、排斥投标人，也不得对投标人实行歧视待遇。

[1] 由招标人根据项目具体特点和实际需要，明确提出投标人应具有的最低资质要求。本款提出的要求须与投标人须知第 1.4 款规定一致。企业施工资质的名称、级别应符合《建筑业企业资质管理规定》（建设部 159 号令）的规定，如：铁路工程施工总承包一级及以上资质，或水利水电工程施工总承包二级及以上资质，或建筑装修装饰工程专业承包二级及以上资质等。

[2] 由招标人根据项目具体特点和实际需要，明确提出投标人应具有的业绩要求。本款提出的业绩要求须与投标人须知第 1.4 款规定一致。

[3] 直接填写可以或不可以。需要注意的是，如果填写的是“可以”，则在投标人须知前附表中对应 1.4.2 一栏仅能选择“接受”。

[4] 明确各联合体投标人成员在资质、财务、业绩、信誉等方面应满足的最低要求。此处内容应简练，因为投标人须知前附表和第三章中还会有详细的规定。

4. 招标文件的获取

4.1 请于____[1]____年____[1]____月____[1]____日至____[1]____年____[1]____月____[1]____日（法定公休日、法定节假日除外），每日上午____[1]____时至____[1]____时，下午____[1]____时至____[1]____时（北京时间，下同），在____[2]____（详细地址）持本投标邀请书购买招标文件。

4.2 招标文件每套售价______[3]______元，售后不退。图纸押金______[4]______元，在退还图纸时退还（不计利息）。

4.3 邮购招标文件的，需另加手续费（含邮费）______[5]______元。招标人在收到邮购款（含手续费）后______[6]______日内寄送。

[1] 填写具体的年月日和时间，应注意满足发售时间不少于5个工作日的要求。

[2] 填写具体的招标文件发售地点，包括街道、门牌号、楼层、房间号等，不能以招标人名称替代招标文件发售地点。

[3] 填写每套招标文件的售价，如：50元。注意，根据30号令第15条第3款规定，招标文件的售价应当合理，不得以营利为目的。30号令第15条第4款规定，招标文件售出后，不予退还。

[4] 如：5000元。

第4.3款规定了潜在投标人除前往招标文件发售地购买招标文件外，还可以采用邮购等方式购买。依据30号令第15条第2款规定，通过信息网络或其他媒介发布的招标文件，与书面招标文件具有同等法律效力，但出现不一致时以书面文件为准。

[5] 填写具体的手续费（含邮费），如20元。

[6] 填写具体日数，一般填写1或2日内即可。

5. 投标文件的递交

5.1 投标文件递交的截止时间（投标截止时间，下同）为______[1]______年______[1]______月______[1]______日______[1]______时______[1]______分，地点为______[2]______。

5.2 逾期送达的或者未送达指定地点的投标文件，招标人不予受理。

[1] 填写具体的投标文件递交截止时间。招标人应当根据有关法律规定和项目具体特点合理确定。

[2] 填写具体的投标文件接收地点，包括街道、门牌号、楼层和房间号等。

6. 确认

你单位收到本投标邀请书后，请于________（具体时间）前以传真或快递方式予以确认。

7. 联系方式

招 标 人：________________	招标代理机构：________________
地　　址：________________	地　　址：________________
邮　　编：________________	邮　　编：________________

联 系 人：__________	联 系 人：__________
电　　话：__________	电　　话：__________
传　　真：__________	传　　真：__________
电子邮件：__________	电子邮件：__________
网　　址：__________	网　　址：__________
开户银行：__________	开户银行：__________
账　　号：__________	账　　号：__________

____年____月____日

第一章　投标邀请书（代资格预审通过通知书）

＿＿＿＿＿（项目名称）＿＿＿＿＿标段施工投标邀请书

根据56号令,招标人可根据项目具体特点和实际需要对本章内容进行修改、补充和细化，但应遵守《招标投标法》第17条等有关法律规章规定。

＿＿＿＿＿＿（被邀请单位名称）：

你单位已通过资格预审，现邀请你单位按招标文件规定的内容，参加＿[1]＿（项目名称）＿[2]＿标段施工投标。

请你单位于＿[3]＿年＿[3]＿月＿[3]＿日至＿[3]＿年＿[3]＿月＿[3]＿日（法定公休日、法定节假日除外），每日上午＿[3]＿时至＿[3]＿时，下午＿[3]＿时至＿[3]＿时（北京时间，下同），在＿[4]＿（详细地址）持本投标邀请书购买招标文件。

招标文件每套售价为＿[5]＿元，售后不退。图纸押金＿[6]＿元，在退还图纸时退还（不计利息）。邮购招标文件的，需另加手续费（含邮费）＿[7]＿元。招标人在收到邮购款（含手续费）后＿[8]＿日内寄送。

递交投标文件的截止时间（投标截止时间，下同）为＿[9]＿年＿[9]＿月＿[9]＿日＿[9]＿时＿[9]＿分，地点为＿[10]＿。

逾期送达的或者未送达指定地点的投标文件，招标人不予受理。

你单位收到本投标邀请书后，请于＿[11]＿（具体时间）前以传真或快递方式予以确认。

[1]、[2] 须与招标文件封面上的项目和标段名称保持一致。

[3] 填写具体的年月日和时间，应注意满足发售时间不少于5个工作日的要求。

[4] 填写具体的招标文件发售地点，包括街道、门牌号、楼层、房间号等，不能以招标人名称替代招标文件发售地点。本款规定持投标邀请书就可购买招标文件，是因为已经组织了资格预审，参加投标的对象已经确定。采用电子招标投标的，可以直接从网上下载，无需持投标邀请书。

[5] 填写每套招标文件的售价，一般按标段发售招标文件，如：50元。注意，根据30号令第15条第3款规定，招标文件的售价应以成本价为基础，不能以营利为目的。30号令

第 15 条第 4 款规定，招标文件售出后，不予退还。

[6] 如：5000 元。

[7] 填写具体的手续（含邮寄）费用，如：50 元。

潜在投标人除前往文件发售地购买招标文件外，还可以采用邮购等方式购买。依据 30 号令第 15 条第 2 款规定，通过信息网络或其他媒介发布的招标文件，与书面招标文件具有同等法律效力，但出现不一致时以书面文件为准。

[8] 填写收到邮购款（含手续费）后邮寄招标文件的具体日数，一般填写 1 或 2 日。

[9] 填写具体的投标文件递交截止时间。招标人应当根据有关法律规定和项目具体特点，确定投标人编制投标文件所需要的合理时间。

[10] 填写具体的投标文件接收地点，包括街道、门牌号、楼层和房间号等。

[11] 填写投标人确认的具体时间，如：**年**月**日**时**分**秒等。

招 标 人：________________	招标代理机构：________________
地　　址：________________	地　　址：________________
邮　　编：________________	邮　　编：________________
联 系 人：________________	联 系 人：________________
电　　话：________________	电　　话：________________
传　　真：________________	传　　真：________________
电子邮件：________________	电子邮件：________________
网　　址：________________	网　　址：________________
开户银行：________________	开户银行：________________
账　　号：________________	账　　号：________________

____年____月____日

第二章 投标人须知

投标人须知前附表

根据56号令，投标人须知前附表用于进一步明确正文中的未尽事宜，由招标人根据招标项目具体特点和实际需要编制和填写，但务必与招标文件中其他章节相衔接，并不得与本章正文内容相抵触，否则抵触内容无效。在例举前附表有关内容时，已经考虑了与本招标文件其他章节和本章正文的衔接。

条款号	条 款 名 称	编 列 内 容
1.1.2	招标人	名称： 地址： 联系人： 电话：
1.1.3	招标代理机构	名称： 地址： 联系人： 电话：
1.1.4	项目名称	
1.1.5	建设地点	
1.2.1	资金来源	
1.2.2	出资比例	
1.2.3	资金落实情况	
1.3.1	招标范围	
1.3.2	计划工期	计划工期：_____日历天 计划开工日期：_____年_____月_____日 计划竣工日期：_____年_____月_____日
1.3.3	质量要求	

续表

条款号	条 款 名 称	编 列 内 容
1.4.1	投标人资质条件、能力和信誉	资质条件： 财务要求： 业绩要求： 信誉要求： 项目经理（建造师，下同）资格： 其他要求：
1.4.2	是否接受联合体投标	□不接受 □接受，应满足下列要求：
1.9.1	踏勘现场	□不组织 □组织，踏勘时间： 踏勘集中地点：
1.10.1	投标预备会	□不召开 □召开，召开时间： 召开地点：
1.10.2	投标人提出问题的截止时间	
1.10.3	招标人书面澄清的时间	
1.11	分包	□不允许 □允许，分包内容要求： 分包金额要求： 接受分包的第三人资质要求：
1.12	偏离	□不允许 □允许
2.1	构成招标文件的其他材料	
2.2.1	投标人要求澄清招标文件的截止时间	
2.2.2	投标截止时间	____年____月____日____时____分
2.2.3	投标人确认收到招标文件澄清的时间	
2.3.2	投标人确认收到招标文件修改的时间	
3.1.1	构成投标文件的其他材料	
3.3.1	投标有效期	
3.4.1	投标保证金	投标保证金的形式： 投标保证金的金额：

续表

条款号	条　款　名　称	编　列　内　容
3.5.2	近年财务状况的年份要求	________ 年
3.5.3	近年完成的类似项目的年份要求	________ 年
3.5.5	近年发生的诉讼及仲裁情况的年份要求	________年
3.6	是否允许递交备选投标方案	□不允许 □允许
3.7.3	签字或盖章要求	
3.7.4	投标文件副本份数	________份
3.7.5	装订要求	
4.1.2	封套上写明	招标人的地址： 招标人名称： _____（项目名称）_____标段投标文件 在______年______月______日______时 _____分前不得开启
4.2.2	递交投标文件地点	
4.2.3	是否退还投标文件	□否 □是
5.1	开标时间和地点	开标时间：同投标截止时间 开标地点：
5.2	开标程序	（4）密封情况检查： （5）开标顺序：
6.1.1	评标委员会的组建	评标委员会构成：______人，其中招标人代表______人，专家______人； 评标专家确定方式：
7.1	是否授权评标委员会确定中标人	□是 □否，推荐的中标候选人数：
7.3.1	履约担保	履约担保的形式： 履约担保的金额：
10	**需要补充的其他内容**	
……	……	
……	……	

1. 总则

1.1 项目概况

1.1.1 根据《中华人民共和国招标投标法》等有关法律、法规和规章的规定，本招标项目已具备招标条件，现对本标段施工进行招标。

1.1.2 本招标项目招标人：见投标人须知前附表。

填写招标人的名称、地址、联系人和联系电话。与招标公告或投标邀请书联系方式中写明的相一致。联系电话最好填写两个以上，包括手机号码，以保持联系畅通。

1.1.3 本标段招标代理机构：见投标人须知前附表。

标准招标文件是按照一个标段对应一份招标文件原则编写的。本项规定的内容为具体标段的招标代理机构。

填写招标代理机构的名称、地址、联系人和联系电话，应与招标公告或投标邀请书联系方式中写明的相一致。联系电话最好填写两个以上，包括手机号码，以保持联系畅通。

1.1.4 本招标项目名称：见投标人须知前附表。

项目名称指项目审批、核准机关出具的有关文件中载明的或备案机关出具的备案文件中确认的项目名称。

1.1.5 本标段建设地点：见投标人须知前附表。

填写项目的具体地理位置。

1.2 资金来源和落实情况

1.2.1 本招标项目的资金来源：见投标人须知前附表。

资金来源包括国拨资金、国债资金、银行贷款、自筹资金等，由招标人据实填写。

1.2.2 本招标项目的出资比例：见投标人须知前附表。

项目的出资比例，如：国债资金40%，银行贷款50%，企业自筹10%；如全部为国债资金，则直接填写：100%国债资金。

1.2.3 本招标项目的资金落实情况：见投标人须知前附表。

根据《招标投标法》第9条第2款规定，招标人应当有进行招标项目的相应资金或者资金来源已经落实，并应当在招标文件中如实载明。如：国债资金部分已经列入年度计划、银行贷款部分已签订贷款协议、企业自筹部分已经存入项目专用账户。

1.3 招标范围、计划工期和质量要求

1.3.1 本次招标范围：见投标人须知前附表。

招标范围应准确明了，采用工程专业术语填写。如某公路工程项目为：K0+000—K1+500中土石方、道路路基、雨污管网的工程施工；或者如某建筑工程项目：***工程中的地基与

基础、主体结构、建筑装饰装修、建筑屋面、给水、排水及采暖、通风与空调、建筑电气、智能建筑、电梯工程等设计图纸显示的全部工程，详细的招标范围界定见第五章“工程量清单”。但需要指出的是，招标人应根据项目具体特点和实际需要合理划分标段，并据此确定招标范围，避免过细分割工程或肢解工程。

1.3.2 本标段的计划工期：见投标人须知前附表。

由招标人根据项目具体特点和实际需要填写。有适用工期定额的，应参照工期定额合理确定。《建设工程质量管理条例》第10条规定，建设工程发包单位不得任意压缩合理工期。投标人须知前附表中填写的计划工期、计划开工日期、计划竣工日期应该是一致的。根据《合同法》第275条规定，施工合同中约定有中间交工工期的，应当在本项对应的前附表中明确。

1.3.3 本标段的质量要求：见投标人须知前附表。

根据国家、行业颁布的建设工程施工质量验收标准填写。不能将各种质量奖项、奖杯等作为质量要求。

1.4 投标人资格要求（适用于已进行资格预审的）

投标人应是收到招标人发出投标邀请书的单位。

1.4 投标人资格要求（适用于未进行资格预审的）

1.4.1 投标人应具备承担本标段施工的资质条件、能力和信誉。

（1）资质条件：见投标人须知前附表；

（2）财务要求：见投标人须知前附表；

（3）业绩要求：见投标人须知前附表；

（4）信誉要求：见投标人须知前附表；

（5）项目经理资格：见投标人须知前附表；

（6）其他要求：见投标人须知前附表。

招标人根据项目具体特点和实际需要，提出投标人在资质、财务、业绩、项目经理资格等方面的最低要求。需要注意的是，本项内容实际构成评标办法中资格评审标准的内容。其中：

资质指建设部《建筑业企业资质管理规定》（建设部159号令）划定的资质类别及等级，包括总承包资质和专业承包资质。如某公路工程资格审查确定的资质条件为：公路工程施工总承包一级及以上资质。

财务要求指企业的注册资本金、净资产、资产负债率、平均货币资金余额和主营业务收入的比值、银行授信额度等一项或多项指标情况。

招标人根据项目具体特点和实际需要，明确提出投标人应具有的业绩要求，以证明投标人具有完成本标段工程施工能力。本款提出的业绩要求须与招标公告一致。

企业信誉是指企业在市场中所获得的社会上公认的信用和名誉，它反映出一个企业的履约信用。有关行政管理部门对企业信用考核有规定的，按照有关规定执行。一般来讲，考察企业的信誉，主要针对企业以往履约情况、不良记录等提出具体要求。

项目经理资格指建设行政主管部门颁发的建造师执业资格。在规定项目经理资格时，其专业和级别，应与建设行政主管部门的要求一致。如招标项目为 120000m^2 办公楼，可以填写：建筑工程专业一级建造师。

其他要求指招标人依据行业特点及本次招标项目的特点、需要，针对投标人企业提出的一些要求，例如，对企业提出质量、环境保护和职业健康、安全等管理体系认证方面的要求。

1.4.2　投标人须知前附表规定接受联合体投标的，除应符合本章第 1.4.1 项和投标人须知前附表的要求外，还应遵守以下规定：

（1）联合体各方应按招标文件提供的格式签订联合体协议书，明确联合体牵头人和各方权利义务；

（2）由同一专业的单位组成的联合体，按照资质等级较低的单位确定资质等级；

（3）联合体各方不得再以自己名义单独或参加其他联合体在同一标段中投标。

本项依据《招标投标法》第 31 条，以及 30 号令第 42 条、第 43 条、第 44 条，对联合体投标人的组成、各成员应满足的资格条件进行规定。接受联合体投标的，招标人可在本项对应的前附表中对联合体或联合体成员提出进一步要求，以便于潜在投标人判断其是否满足资格要求，进而决定是否参加本次招标。需要注意的是，根据《招标投标法》第 31 条关于"联合体各方均应具备承担招标项目的相应能力"的规定，考核资格条件应以联合体协议书中规定的分工为依据，不承担联合体协议有关专业工程的成员，其相应的专业资质不作为该联合体成员中同一专业单位的资质进行考核。如：在公路系统内，某工程需要公路工程总承包特级或者公路工程总承包一级、桥梁工程专业承包一级和隧道工程专业承包一级资质。某两个单位组成联合体，其中甲单位具有工程公路工程总承包一级、桥梁工程专业承包一级和隧道工程专业承包二级资质，乙单位具有桥梁工程专业承包二级和隧道工程专业承包一级资质。根据联合体协议书分工，甲单位承担除隧道以外的全部工程施工，乙单位只承担隧道工程施工。因此，在核定该联合体的资质时，对隧道部分，只考核乙单位的隧道资质，甲单位的隧道资质不参加考核；对其他工程，只考核甲单位的资质，乙单位的资质不参加考核。该联合体资质即为公路工程总承包一级、桥梁工程专业承包一级和隧道工程专业承包一级。

1.4.3　投标人不得存在下列情形之一：

（1）为招标人不具有独立法人资格的附属机构（单位）；

（2）为本标段前期准备提供设计或咨询服务的，但设计施工总承包的除外；

（3）为本标段的监理人；

（4）为本标段的代建人；

（5）为本标段提供招标代理服务的；

（6）与本标段的监理人或代建人或招标代理机构同为一个法定代表人的；

（7）与本标段的监理人或代建人或招标代理机构相互控股或参股的；

（8）与本标段的监理人或代建人或招标代理机构相互任职或工作的；

（9）被责令停业的；

（10）被暂停或取消投标资格的；

（11）财产被接管或冻结的；

（12）在最近三年内有骗取中标或严重违约或重大工程质量问题的。

本项主要根据30号令第20条、第22条、第35条，规定申请人不得存在的情形。针对工程建设项目货物招标，27号令第32条规定“法定代表人为同一个人的两个及两个以上法人、母公司、全资子公司及其控股公司，都不得在同一货物招标中同时投标”。如果招标人认为有必要将本条内容引入到本标段的招标，可以将相应内容，即“法定代表人为同一个人的两个及两个以上法人、母公司、全资子公司及其控股公司，都不得在本项目同一标段中同时投标”增加到本项对应的前附表中。本项第（9）～（12）规定的情形，应以有关行政管理部门或司法机关出具的有关文件为依据。

1.5　费用承担

投标人准备和参加投标活动发生的费用自理。

1.6　保密

参与招标投标活动的各方应对招标文件和投标文件中的商业和技术等秘密保密，违者应对由此造成的后果承担法律责任。

1.7　语言文字

除专用术语外，与招标投标有关的语言均使用中文。必要时专用术语应附有中文注释。

1.8　计量单位

所有计量均采用中华人民共和国法定计量单位。

1.9　踏勘现场

1.9.1　投标人须知前附表规定组织踏勘现场的，招标人按投标人须知前附表规定的时间、地点组织投标人踏勘项目现场。

1.9.2　投标人踏勘现场发生的费用自理。

1.9.3　除招标人的原因外，投标人自行负责在踏勘现场中所发生的人员伤亡和财产损失。

1.9.4　招标人在踏勘现场中介绍的工程场地和相关的周边环境情况，供投标人在编制投标文件时参考，招标人不对投标人据此作出的判断和决策负责。

是否组织踏勘现场，以及何时组织踏勘现场由招标人依据项目特点及招标进程自主决定选择不组织或组织，二者取其一。但注意，如果选择后者，则应进一步明确踏勘的时间和集中地点。踏勘现场后涉及对招标文件进行澄清修改的，应当依据《招标投标法》第 23 条规定，在招标文件要求提交投标文件的截止时间至少 15 日前以书面形式通知所有招标文件收受人。考虑到在踏勘现场后投标人有可能对招标文件部分条款进行质疑，组织投标人踏勘现场的时间一般应在投标截止时间 15 日前及投标预备会召开前进行。

1.10 投标预备会

1.10.1 投标人须知前附表规定召开投标预备会的，招标人按投标人须知前附表规定的时间和地点召开投标预备会，澄清投标人提出的问题。

1.10.2 投标人应在投标人须知前附表规定的时间前，以书面形式将提出的问题送达招标人，以便招标人在会议期间澄清。

1.10.3 投标预备会后，招标人在投标人须知前附表规定的时间内，将对投标人所提问题的澄清，以书面方式通知所有购买招标文件的投标人。该澄清内容为招标文件的组成部分。

本款规定投标人须知前附表规定组织投标预备会时，招标人、投标人双方的责任与义务。是否召开投标预备会，以及何时召开投标预备会由招标人依据项目特点及招标进程自主决定选择不召开或召开，二者取其一。如果选择后者，则应进一步明确投标预备会召开的时间和地点。注意澄清涉及对招标文件进行补充、修改的，应当依据《招标投标法》第 23 条规定，在招标文件要求提交投标文件的截止时间至少 15 日前以书面形式通知所有招标文件收受人。考虑到投标预备会后需要将招标文件的澄清、补充和修改书面通知所有购买招标文件的投标人，组织投标预备会的时间一般应在投标截止时间 15 日以前进行。

招标文件澄清、修改时间流程图：

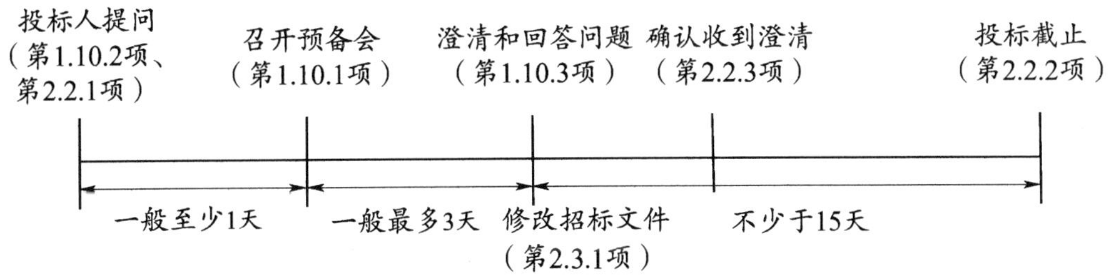

1.11 分包

投标人拟在中标后将中标项目的部分非主体、非关键性工作进行分包的，应符合投标人须知前附表规定的分包内容、分包金额和接受分包的第三人资质要求等限制性条件。

《合同法》第 272 条规定，经发包人同意，承包人可以将自己承包的主体结构工程外的部分工作交由第三人完成，同时第三人就其完成的工作成果与承包人向发包人承担连带责任。《招标投标法》第 30 条规定，投标人根据招标文件载明的项目实际情况，拟在中标后将中标项目的部分非主体、非关键性工作进行分包的，应当在投标文件中载明。据此，本款规定招标人可以依据项目情况，选择不允许或允许分包。如果选择后者，则应进一步明确分包内容的名称或要求，以及分包项目金额和资质条件等方面的限制。实际操作中需要注意的是：

（1）投标人拟分包的工作内容和工程量，须符合投标人须知前附表规定的分包内容、分包数量和金额等限制性条件，否则作废标处理；（2）分包人的资格能力应与投标文件中载明的分包工作的标准和规模相适应，具备相应的专业承包资质，否则也作废标处理。

1.12 偏离

投标人须知前附表允许投标文件偏离招标文件某些要求的，偏离应当符合招标文件规定的偏离范围和幅度。

偏离即《评标委员会和评标方法暂行规定》（国家发展计划委等七部委 12 号令，以下简称 12 号令）中的偏差。偏离分为重大偏离和细微偏离。30 号令第 24 条规定，招标人应当在招标文件中规定实质性要求和条件，并用醒目的方式标明，以便评标委员会有效地判定投标文件是否实质性响应了招标文件。实质性要求和条件不允许偏离，否则即作废标处理。招标人可以依据项目情况，在招标文件中对非实质性要求和条件，载明允许偏离的范围和幅度。

2. 招标文件

2.1 招标文件的组成

本招标文件包括：

（1）招标公告（或投标邀请书）；

（2）投标人须知；

（3）评标办法；

（4）合同条款及格式；

（5）工程量清单；

（6）图纸；

（7）技术标准和要求；

（8）投标文件格式；

（9）投标人须知前附表规定的其他材料。

根据本章第 1.10 款、第 2.2 款和第 2.3 款对招标文件所作的澄清、修改，构成招标文件的组成部分。

招标人根据项目具体特点和实际需要，在前附表中载明需要补充的其他材料，如：工程地质勘察报告。

2.2 招标文件的澄清

2.2.1 投标人应仔细阅读和检查招标文件的全部内容。如发现缺页或附件不全，应及时向招标人提出，以便补齐。如有疑问，应在投标人须知前附表规定的时间前以书面形式（包括信函、电报、传真等可以有形地表现所载内容的形式，下同），要求招标人对招标文件予以澄清。

2.2.2　招标文件的澄清将在投标人须知前附表规定的投标截止时间 15 天前以书面形式发给所有购买招标文件的投标人，但不指明澄清问题的来源。如果澄清发出的时间距投标截止时间不足 15 天，相应延长投标截止时间。

2.2.3　投标人在收到澄清后，应在投标人须知前附表规定的时间内以书面形式通知招标人，确认已收到该澄清。

依据《招标投标法》第 23 条规定，招标人对已发出的招标文件进行必要的澄清，应当在招标文件要求提交投标文件的截止时间至少 15 日前，以书面形式通知所有招标文件收受人。这里 15 日是个界限，本项规定如果澄清发出的时间距投标截止时间不足 15 天，则投标截止时间相应延长。有关招标文件澄清的时间关系，详见第 1.10 款中的流程图。投标人收到澄清后的确认时间，可以采用一个相对的时间，如招标文件澄清发出后 12 小时以内；也可以采用一个绝对的时间，如 2009 年 6 月 15 日中午 12：00 以前。

2.3　招标文件的修改

2.3.1　在投标截止时间 15 天前，招标人可以书面形式修改招标文件，并通知所有已购买招标文件的投标人。如果修改招标文件的时间距投标截止时间不足 15 天，相应延长投标截止时间。

2.3.2　投标人收到修改内容后，应在投标人须知前附表规定的时间内以书面形式通知招标人，确认已收到该修改。

在招标文件发布后，确需对招标文件进行修改的，招标人应在本项对应的前附表规定的时间内修改。如果在前附表规定的时间后对招标文件进行修改的，则应相应顺延投标截止时间，以保证投标人有合理的时间编制投标文件。

3. 投标文件

3.1　投标文件的组成

3.1.1　投标文件应包括下列内容：

（1）投标函及投标函附录；

（2）法定代表人身份证明或附有法定代表人身份证明的授权委托书；

（3）联合体协议书；

（4）投标保证金；

（5）已标价工程量清单；

（6）施工组织设计；

（7）项目管理机构；

（8）拟分包项目情况表；

（9）资格审查资料；

（10）投标人须知前附表规定的其他材料。

就投标文件的各个组成部分而言，投标函是最重要的文件，其他组成部分都是投标函的支持性文件，投标函须盖单位章或经其法定代表人或其委托代理人签字或盖章，并且在开标会上当众宣读。

招标人根据项目具体特点和实际需要，在前附表中载明投标人需要递交的其他材料，如：钢结构工程大样图、加工图等。

3.1.2　投标人须知前附表规定不接受联合体投标的，或投标人没有组成联合体的，投标文件不包括本章第 3.1.1（3）目所指的联合体协议书。

3.2　投标报价

3.2.1　投标人应按第五章“工程量清单”的要求填写相应表格。

3.2.2　投标人在投标截止时间前修改投标函中的投标总报价，应同时修改第五章“工程量清单”中的相应报价。此修改须符合本章第 4.3 款的有关要求。

（1）本款对投标人报价的格式、报价原则以及修改报价的做法进行了规定。

（2）第 3.2.1 项规定投标人按照第五章“工程量清单”的要求进行报价。第三章评标办法第 2.1.3 项“响应性评审标准”中规定投标人的“已标价工程量清单”的范围与数量须符合第五章“工程量清单”给出的范围及数量，即按照其工程量清单中给出的子目、每个子目的工程量或暂估价、暂列金额进行报价。关于投标报价的具体要求，应当在第五章“工程量清单”投标报价说明中详细界定。

3.3　投标有效期

3.3.1　在投标人须知前附表规定的投标有效期内，投标人不得要求撤销或修改其投标文件。

3.3.2　出现特殊情况需要延长投标有效期的，招标人以书面形式通知所有投标人延长投标有效期。投标人同意延长的，应相应延长其投标保证金的有效期，但不得要求或被允许修改或撤销其投标文件；投标人拒绝延长的，其投标失效，但投标人有权收回其投标保证金。

（1）投标有效期从投标截止时间起开始计算，主要用来组织评标委员会评标、招标人定标、发出中标通知书，以及签订合同等工作，一般需要考虑三个因素：一是组织评标委员会完成评标需要的时间；二是确定中标人需要的时间；三是签订合同需要的时间。一般项目 60～90 天，大型项目 120 天左右。

（2）第 3.3.1 项规定在提交投标文件截止时间后投标有效期内，投标人不能撤销或修改投标文件。30 号令第 40 条规定，在提交投标文件截止时间后投标有效期终止之前，招标人不接受投标人提交的的补充、修改、替代投标文件。《合同法》第 19 条规定，在确定的承诺期限内，要约不得撤销。据此，投标人撤销投标文件的，没收其投标保证金。

3.4 投标保证金

3.4.1 投标人在递交投标文件的同时，应按投标人须知前附表规定的金额、担保形式和第八章“投标文件格式”规定的投标保证金格式递交投标保证金，并作为其投标文件的组成部分。联合体投标的，其投标保证金由牵头人递交，并应符合投标人须知前附表的规定。

3.4.2 投标人不按本章第 3.4.1 项要求提交投标保证金的，其投标文件作废标处理。

3.4.3 招标人与中标人签订合同后 5 个工作日内，向未中标的投标人和中标人退还投标保证金。

3.4.4 有下列情形之一的，投标保证金将不予退还：

（1）投标人在规定的投标有效期内撤销或修改其投标文件；

（2）中标人在收到中标通知书后，无正当理由拒签合同协议书或未按招标文件规定提交履约担保。

（1）本款规定投标保证金及其相关事宜。

（2）第 3.4.1 项规定投标保证金的形式、数额，以及联合体投标人投标保证金的递交方式。30 号令第 37 条规定，投标保证金除现金外，可以是银行出具的银行保函、保兑支票、银行汇票或现金支票。投标保证金的数额不得超过投标总价的 2%，且最高不超过 80 万。招标人可以依据不同项目的特点和要求，对投标保证金的形式和数额予以明确。实际编制招标文件，可以依据项目预算，确定一个固定的投标保证金数额，也可以在招标文件中规定一个缴纳比例，如投标报价的 1.6%，同时不超过 80 万。投标保证金应符合第八章“投标文件格式”中的“投标保证金”格式要求。投标保证金作为投标文件的组成部分，其有效期与投标有效期应一致。

（3）第 3.4.2 项规定不按 3.4.1 项要求提交投标保证金的，其投标文件按废标处理。

（4）第 3.4.3 项规定招标人退还投标保证金的时间，即招标人与中标人签订合同后 5 个工作日内，向中标人和未中标人无息退还投标保证金。

（5）第 3.4.4 项规定招标人依法没收投标保证金的两种情形，即在有效期内撤销其投标，或在收到中标通知书后，无正当理由拒不签订合同协议书或拒不按照招标文件的要求提交履约担保。履约担保应符合本须知第 7.3 款的规定。

3.5 资格审查资料（适用于已进行资格预审的）

投标人在编制投标文件时，应按新情况更新或补充其在申请资格预审时提供的资料，以证实其各项资格条件仍能继续满足资格预审文件的要求，具备承担本标段施工的资质条件、能力和信誉。

本款规定需要更新或补充的资料用于反映在递交资格预审申请文件后、投标截止时间前发生的，可能影响其资格条件或履约能力的新情况。未按本款规定提交资料的，视为弄虚作假。已经提交且没有发生变化的资料，不应要求投标人再次提交。

3.5 资格审查资料（适用于未进行资格预审的）

3.5.1 “投标人基本情况表”应附投标人营业执照副本及其年检合格的证明材料、资质证书副本和安全生产许可证等材料的复印件。

3.5.2 “近年财务状况表”应附经会计师事务所或审计机构审计的财务会计报表，包括资产负债表、现金流量表、利润表和财务情况说明书的复印件，具体年份要求见投标人须知前附表。

3.5.3 “近年完成的类似项目情况表”应附中标通知书和（或）合同协议书、工程接收证书（工程竣工验收证书）的复印件，具体年份要求见投标人须知前附表。每张表格只填写一个项目，并标明序号。

3.5.4 “正在施工和新承接的项目情况表”应附中标通知书和（或）合同协议书复印件。每张表格只填写一个项目，并标明序号。

3.5.5 “近年发生的诉讼及仲裁情况”应说明相关情况，并附法院或仲裁机构作出的判决、裁决等有关法律文书复印件，具体年份要求见投标人须知前附表。

3.5.6 投标人须知前附表规定接受联合体投标的，本章第 3.5.1 项至第 3.5.5 项规定的表格和资料应包括联合体各方相关情况。

（1）本款对未进行资格预审招标项目的投标人须提交的资格审查文件的内容及编制进行了规定。根据第三章“评标办法”第 3.1.1 项的规定，需要投标人提交原件以备核验的，招标人应在第三章“评标办法”前附表中明确需要核验的具体证明和证件。

（2）第 3.5.1 项规定投标人按照第八章规定的“投标人基本情况表”格式填写，并附投标人营业执照副本及其年检合格证材料、资质证书副本和安全生产许可证等相关证明材料的复印件。

（3）第 3.5.2 项规定资格审查资料中的“近年财务状况表”必须是经会计师事务所或审计机构审计过的财务会计报表。直接在横线上填写需要提供的经审计的财务报表年份数。如：2004～2006 年。

（4）第 3.5.3 项和第 3.5.4 项规定“近年完成的类似项目情况表”、“正在施工和新承接的项目情况表”和其他证明文件，投标人必须按规定提交。

类似项目，实践中也称同类工程，是指与招标项目在结构形式、使用功能、建设规模相同或相近的项目，如无类似项目，则指能证明投标人具备完成招标项目能力的项目。对类似项目的定义和具体要求，由招标人在本项对应的前附表中载明。具体年份要求直接在横线上填写，如：2004～2006 年。

（5）第 3.5.5 项规定“近年发生的诉讼及仲裁情况”及应附的一些相关材料，包括判决、裁决等法律文件的复印件，投标人应按时间先后次序编排相关文件。有一项填一份材料，没有就直接填写“无”。要求投标人提交“近年发生的诉讼及仲裁情况”，主要是为了证明投标人的履约能力和信誉。对于投标人胜诉的案件，不能据此作出不利于投标人的评价。

（6）第 3.5.6 项规定联合体投标人，其联合体成员应分别填写表格，并附相应证明材料。

3.6 备选投标方案

除投标人须知前附表另有规定外，投标人不得递交备选投标方案。允许投标人递交备选投标方案的，只有中标人所递交的备选投标方案方可予以考虑。评标委员会认为中标人的备选投标方案优于其按照招标文件要求编制的投标方案的，招标人可以接受该备选投标方案。

投标人须知前附表规定允许投标人提交备选投标方案的，招标人应在第三章“评标办法”前附表中单独增加一个条款“备选方案的评审与比较”，阐明仅对中标人的备选方案进行评审、比较，并详细明列需要评审与比较的事项，一般有以下几个方面：（1）投标方案与备选投标方案的优劣比较，如人、财、物等资源投入、环境保护、资源消耗、技术复杂程度；（2）备选投标方案的技术可实现性；（3）备选投标方案节省的投资等，并将评审结论、建议纳入评标报告。

3.7 投标文件的编制

3.7.1 投标文件应按第八章“投标文件格式”进行编写，如有必要，可以增加附页，作为投标文件的组成部分。其中，投标函附录在满足招标文件实质性要求的基础上，可以提出比招标文件要求更有利于招标人的承诺。

3.7.2 投标文件应当对招标文件有关工期、投标有效期、质量要求、技术标准和要求、招标范围等实质性内容作出响应。

3.7.3 投标文件应用不褪色的材料书写或打印，并由投标人的法定代表人或其委托代理人签字或盖单位章。委托代理人签字的，投标文件应附法定代表人签署的授权委托书。投标文件应尽量避免涂改、行间插字或删除。如果出现上述情况，改动之处应加盖单位章或由投标人的法定代表人或其授权的代理人签字确认。签字或盖章的具体要求见投标人须知前附表。

3.7.4 投标文件正本一份，副本份数见投标人须知前附表。正本和副本的封面上应清楚地标记“正本”或“副本”的字样。当副本和正本不一致时，以正本为准。

3.7.5 投标文件的正本与副本应分别装订成册，并编制目录，具体装订要求见投标人须知前附表规定。

（1）《招标投标法》第 27 条规定投标文件应当对招标文件提出的实质性要求和条件作出响应。一般认为，工期、投标有效期、质量要求、招标范围、技术标准等为招标文件的实质性内容，投标文件须对此作出响应，否则作废标处理。为了实现最大程度的公开，增加评标的准确性和效率，具体招标文件的实质性要求和条件应在第三章“评标办法”前附表中集中予以明确，否则不得作为判断投标文件是否实质性响应的依据。

（2）对投标文件签字或盖章的具体要求通常包括：单位章的具体类型、能否用签字章代替手写签字等。签字或盖章用于证明投标文件对投标人具有法律约束力，招标人对签字或盖章的要求应简洁明了。

（3）招标人在前附表中可进一步规定具体装订要求，如：投标文件的正本与副本应采用粘贴方式装订，不得采用活页夹等可随时拆换的方式装订。对施工组织设计的编写、打印、采用的字体、纸张等，招标人也可以提出限制和要求，但不宜过分强调。

4. 投标

4.1 投标文件的密封和标识

4.1.1 投标文件的正本与副本应分开包装，加贴封条，并在封套的封口处加盖投标人单位章。

4.1.2 投标文件的封套上应清楚地标记“正本”或“副本”字样，封套上应写明的其他内容见投标人须知前附表。

4.1.3 未按本章第 4.1.1 项或第 4.1.2 项要求密封和加写标记的投标文件，招标人不予受理。

4.2 投标文件的递交

4.2.1 投标人应在本章第 2.2.2 项规定的投标截止时间前递交投标文件。

填写投标文件递交截止时间，如：**年**月**日**时**分。注意需要给投标人合理编制投标文件的时间，从招标文件发售之日起至投标人递交投标文件截止日止不少于 20 天，重大项目、特殊项目时间还应更长一些。

4.2.2 投标人递交投标文件的地点：见投标人须知前附表。

详细填写投标文件的递交地点，包括街道、门牌号、楼层、房间号等。

4.2.3 除投标人须知前附表另有规定外，投标人所递交的投标文件不予退还。

投标文件一般不予退还，确需退还的，只退副本，并在本项对应的前附表中明确退还时间、方式和地点。

4.2.4 招标人收到投标文件后，向投标人出具签收凭证。

招标人收到投标文件后，须向投标人出具签收凭证，记录投标文件的外封装密封情况和标识，以便在开标时查验，通常采用“投标文件接收登记表”并记录相关情况等。

4.2.5 逾期送达的或者未送达指定地点的投标文件，招标人不予受理。

4.3 投标文件的修改与撤回

4.3.1 在本章第 2.2.2 项规定的投标截止时间前，投标人可以修改或撤回已递交的投标文件，但应以书面形式通知招标人。

4.3.2 投标人修改或撤回已递交投标文件的书面通知应按照本章第 3.7.3 项的要求签字或盖章。招标人收到书面通知后，向投标人出具签收凭证。

4.3.3 修改的内容为投标文件的组成部分。修改的投标文件应按照本章第 3 条、第 4 条规定进行编制、密封、标识和递交，并标明“修改”字样。

《招标投标法》第 29 条和 30 号令第 39 条规定，投标人在招标文件要求提交投标文件的截止时间前，可以补充、修改或者撤回已递交的投标文件，并书面通知招标人。补充、修改的内容为投标文件的组成部分。

投标文件补充、修改和撤回情况，应在开标时公布。

5. 开标

5.1 开标时间和地点

招标人在本章第 2.2.2 项规定的投标截止时间（开标时间）和投标人须知前附表规定的地点公开开标，并邀请所有投标人的法定代表人或其委托代理人准时参加。

《招标投标法》第 35 条规定，开标由招标人主持，邀请所有投标人参加。招标人可以在投标人须知前附表中对此作进一步说明，同时明确投标人的法定代表人或其委托代理人不参加开标的法律后果，如：投标人的法定代表人或其委托代理人不参加开标的，视同该投标人承认开标记录，不得事后对开标记录提出任何异议。不应以投标人不参加开标为由将其投标作废标处理。开标地点需要详细填写，包括街道、门牌号、楼层、房间号等，如：四川省成都市草市街 2 号四川省人民政府政务服务中心六楼 602 开标室。

5.2 开标程序

主持人按下列程序进行开标：

（1）宣布开标纪律；

（2）公布在投标截止时间前递交投标文件的投标人名称，并点名确认投标人是否派人到场；

（3）宣布开标人、唱标人、记录人、监标人等有关人员姓名；

（4）按照投标人须知前附表规定检查投标文件的密封情况；

（5）按照投标人须知前附表的规定确定并宣布投标文件开标顺序；

（6）设有标底的，公布标底；

（7）按照宣布的开标顺序当众开标，公布投标人名称、标段名称、投标保证金的递交情况、投标报价、质量目标、工期及其他内容，并记录在案；

（8）投标人代表、招标人代表、监标人、记录人等有关人员在开标记录上签字确认；

（9）开标结束。

招标人应在投标人须知前附表中规定开标程序中第（4）、（5）步的具体做法。开标时，由投标人或者其推选的代表检查投标文件的密封情况，也可以由招标人委托的公证机构检查并公证等；可以按照投标文件递交的先后顺序开标，也可以采用其他方式确定开标顺序。

6. 评标

6.1 评标委员会

6.1.1 评标由招标人依法组建的评标委员会负责。评标委员会由招标人或其委托的招标代理机构熟悉相关业务的代表，以及有关技术、经济等方面的专家组成。评标委员会成员人数以及技术、经济等方面专家的确定方式见投标人须知前附表。

根据《招标投标法》第 37 条规定，本项明确评标委员会的人数、构成及专家的确定方式，如：评标委员会构成：7人，其中招标人代表2人，专家5人；评标专家确定方式：在政府组建的专家库中随机抽取。

6.1.2 评标委员会成员有下列情形之一的，应当回避：

（1）招标人或投标人的主要负责人的近亲属；

（2）项目主管部门或者行政监督部门的人员；

（3）与投标人有经济利益关系，可能影响对投标公正评审的；

（4）曾因在招标、评标以及其他与招标投标有关活动中从事违法行为而受过行政处罚或刑事处罚的。

6.2 评标原则

评标活动遵循公平、公正、科学和择优的原则。

6.3 评标

评标委员会按照第三章“评标办法”规定的方法、评审因素、标准和程序对投标文件进行评审。第三章“评标办法”没有规定的方法、评审因素和标准，不作为评标依据。

7. 合同授予

7.1 定标方式

除投标人须知前附表规定评标委员会直接确定中标人外，招标人依据评标委员会推荐的中标候选人确定中标人，评标委员会推荐中标候选人的人数见投标人须知前附表。

招标人依据项目情况，在前附表“是否授权评标委员会确定中标人”中选择 是 或 否 ，二者取其一。如果选择后者，则应进一步明确推荐的中标候选人人数，按照择优的原则推荐 1 至 3 名中标候选人。

7.2 中标通知

在本章第 3.3 款规定的投标有效期内，招标人以书面形式向中标人发出中标通知书，同时将中标结果通知未中标的投标人。

7.3 履约担保

7.3.1 在签订合同前，中标人应按投标人须知前附表规定的金额、担保形式和招标文件第四章“合同条款及格式”规定的履约担保格式向招标人提交履约担保。联合体中标的，其履约担保由牵头人递交，并应符合投标人须知前附表规定的金额、担保形式和招标文件第四章“合同条款及格式”规定的履约担保格式要求。

7.3.2 中标人不能按本章第 7.3.1 项要求提交履约担保的，视为放弃中标，其投标保证金不予退还，给招标人造成的损失超过投标保证金数额的，中标人还应当对超过部分予以赔偿。

在签订合同前，中标人以及联合体中标人须按照投标人须知前附表中规定的金额、担保形式和招标文件第四章“合同条款及格式”规定的履约担保格式，向招标人提交履约担保。履约担保有现金、支票、履约担保书和银行保函等形式，可以选择其中的一种作为招标项目的履约担保，一般采用银行保函或履约担保书。履约担保金额一般为中标价的 10%。第四章附件中规定了履约担保格式，实际操作中招标人可以根据项目特点和实际需要，设计相应的履约担保格式。为了方便投标人提供履约担保，建议招标人在招标文件履约担保格式中说明，投标人可以提供招标人认可的其他履约担保。

7.4 签订合同

7.4.1 招标人和中标人应当自中标通知书发出之日起 30 天内，根据招标文件和中标人的投标文件订立书面合同。中标人无正当理由拒签合同的，招标人取消其中标资格，其投标保证金不予退还；给招标人造成的损失超过投标保证金数额的，中标人还应当对超过部分予以赔偿。

7.4.2 发出中标通知书后，招标人无正当理由拒签合同的，招标人向中标人退还投标保证金；给中标人造成损失的，还应当赔偿损失。

8. 重新招标和不再招标

8.1 重新招标

有下列情形之一的，招标人将重新招标：

（1）投标截止时间止，投标人少于 3 个的；

（2）经评标委员会评审后否决所有投标的。

8.2 不再招标

重新招标后投标人仍少于 3 个或者所有投标被否决的，属于必须审批或核准的工程建设项目，经原审批或核准部门批准后不再进行招标。

9. 纪律和监督

9.1 对招标人的纪律要求

招标人不得泄漏招标投标活动中应当保密的情况和资料，不得与投标人串通损害国家利益、社会公共利益或者他人合法权益。

9.2 对投标人的纪律要求

投标人不得相互串通投标或者与招标人串通投标，不得向招标人或者评标委员会成员行贿谋取中标，不得以他人名义投标或者以其他方式弄虚作假骗取中标；投标人不得以任何方式干扰、影响评标工作。

9.3 对评标委员会成员的纪律要求

评标委员会成员不得收受他人的财物或者其他好处，不得向他人透漏对投标文件的评审和比较、中标候选人的推荐情况以及评标有关的其他情况。在评标活动中，评标委员会成员不得擅离职守，影响评标程序正常进行，不得使用第三章“评标办法”没有规定的评审因素和标准进行评标。

9.4 对与评标活动有关的工作人员的纪律要求

与评标活动有关的工作人员不得收受他人的财物或者其他好处，不得向他人透漏对投标文件的评审和比较、中标候选人的推荐情况以及评标有关的其他情况。在评标活动中，与评标活动有关的工作人员不得擅离职守，影响评标程序正常进行。

9.5 投诉

投标人和其他利害关系人认为本次招标活动违反法律、法规和规章规定的，有权向有关行政监督部门投诉。

投诉应当遵守《工程建设项目招标投标活动投诉处理办法》（国家发展改革委等七部委11号令）规定。

10. 需要补充的其他内容

需要补充的其他内容：见投标人须知前附表。

本章正文没有列明，招标人又需要补充的其他内容，需要在投标人须知前附表中予以明确和细化，但不得与本章正文内容相抵触，否则抵触内容无效。

附表一：开标记录表

________（项目名称）________标段施工开标记录表

开标时间：____年____月____日____时____分

序号	投标人	密封情况	投标保证金	投标报价（元）	质量目标	工期	备注	签名
招标人编制的标底								

招标人代表：____________ 记录人：____________ 监标人：____________

____年____月____日

附表二：问题澄清通知

问题澄清通知

编号：

＿＿＿＿＿＿（投标人名称）：

＿＿＿＿＿＿（项目名称）＿＿＿＿标段施工招标的评标委员会，对你方的投标文件进行了仔细的审查，现需你方对下列问题以书面形式予以澄清：

1.

2.

……

请将上述问题的澄清于＿＿＿年＿＿＿月＿＿＿日＿＿＿＿时前递交至＿＿＿＿（详细地址）或传真至＿＿＿＿（传真号码）。采用传真方式的，应在＿＿＿年＿＿＿月＿＿＿日＿＿＿＿时前将原件递交至＿＿＿＿（详细地址）。

评标工作组负责人：＿＿＿＿＿（签字）

＿＿＿年＿＿＿月＿＿＿日

附表三：问题的澄清

问题的澄清

编号：

__________________（项目名称）_________标段施工招标评标委员会：

问题澄清通知（编号：________）已收悉，现澄清如下：

1.

2.

……

投标人：________________________（盖单位章）

法定代表人或其委托代理人：__________（签字）

_____年_____月_____日

附表四：中标通知书

中标通知书

____________________（中标人名称）：

你方于_________（投标日期）所递交的_________（项目名称）_________标段施工投标文件已被我方接受，被确定为中标人。

中标价：____________________元。

工期：______日历天。

工程质量：符合_______________________标准。

项目经理：______________（姓名）。

请你方在接到本通知书后的_____日内到_______________________（指定地点）与我方签订施工承包合同，在此之前按招标文件第二章“投标人须知”第 7.3 款规定向我方提交履约担保。

特此通知。

招标人：_________________________（盖单位章）

法定代表人：_________________________（签字）

_____年_____月_____日

附表五：中标结果通知书

中标结果通知书

__________________（未中标人名称）：

我方已接受__________________（中标人名称）于__________________（投标日期）所递交的____________（项目名称）____________标段施工投标文件，确定____________（中标人名称）为中标人。

感谢你单位对我们工作的大力支持！

招标人：________________________（盖单位章）

法定代表人：________________________（签字）

_____年_____月_____日

附表六：确认通知

确 认 通 知

____________（招标人名称）：

我方已接到你方_____年_____月_____日发出的________（项目名称）________标段施工招标关于_______________的通知，我方已于_____年_____月_____日收到。

特此确认。

投标人：________________________（盖单位章）

_____年_____月_____日

第三章　评标办法（经评审的最低投标价法）

经评审的最低投标价法一般适用于具有通用技术、性能标准或者招标人对其技术、性能标准没有特殊要求的招标项目。根据 56 号令，招标人编制施工招标文件时，应不加修改地引用本章正文内容；评标办法前附表由招标人根据招标项目具体特点和实际需要编制，用于进一步明确正文中的未尽事宜，但务必与招标文件中其他章节相衔接，并不得与本章正文内容相抵触，否则抵触内容无效。在例举前附表有关内容时，已经考虑了与本招标文件其他章节和本章正文的衔接。

评标办法前附表

条款号		评审因素	评审标准
2.1.1	形式评审标准	投标人名称	与营业执照、资质证书、安全生产许可证一致
		投标函签字盖章	有法定代表人或其委托代理人签字或加盖单位章
		投标文件格式	符合第八章“投标文件格式”的要求
		联合体投标人	提交联合体协议书，并明确联合体牵头人（如有）
		报价唯一	只能有一个有效报价
		……	……
2.1.2	资格评审标准	营业执照	具备有效的营业执照
		安全生产许可证	具备有效的安全生产许可证
		资质等级	符合第二章“投标人须知”第 1.4.1 项规定
		财务状况	符合第二章“投标人须知”第 1.4.1 项规定
		类似项目业绩	符合第二章“投标人须知”第 1.4.1 项规定
		信誉	符合第二章“投标人须知”第 1.4.1 项规定
		项目经理	符合第二章“投标人须知”第 1.4.1 项规定
		其他要求	符合第二章“投标人须知”第 1.4.1 项规定
		联合体投标人	符合第二章“投标人须知”第 1.4.2 项规定（如有）
		……	……

续表

条款号		评 审 因 素	评 审 标 准
2.1.3	响应性评审标准	投标内容	符合第二章“投标人须知”第 1.3.1 项规定
		工期	符合第二章“投标人须知”第 1.3.2 项规定
		工程质量	符合第二章“投标人须知”第 1.3.3 项规定
		投标有效期	符合第二章“投标人须知”第 3.3.1 项规定
		投标保证金	符合第二章“投标人须知”第 3.4.1 项规定
		权利义务	符合第四章“合同条款及格式”规定
		已标价工程量清单	符合第五章“工程量清单”给出的范围及数量
		技术标准和要求	符合第七章“技术标准和要求”规定
		……	……
2.1.4	施工组织设计和项目管理机构评审标准	施工方案与技术措施	……
		质量管理体系与措施	……
		安全管理体系与措施	……
		环境保护管理体系与措施	……
		工程进度计划与措施	……
		资源配备计划	……
		技术负责人	……
		其他主要人员	……
		施工设备	……
		试验、检测仪器设备	……
		……	……
条款号		**量 化 因 素**	**量 化 标 准**
2.2	详细评审标准	单价遗漏	……
		付款条件	……
		……	……

1. 评标方法

本次评标采用经评审的最低投标价法。评标委员会对满足招标文件实质要求的投标文件，根据本章第 2.2 款规定的量化因素及量化标准进行价格折算，按照经评审的投标价由低到高的顺序推荐中标候选人，或根据招标人授权直接确定中标人，但投标报价低于其成本的除外。经评审的投标价相等时，投标报价低的优先；投标报价也相等的，由招标人自行确定。

本条规定了经评审的最低投标价法的基本步骤，即首先按照第 2.1 款初步评审标准对投标文件进行初步评审，然后依据第 2.2 款中的详细评审标准对通过初步审查的投标文件进行价格折算，确定其评标价，再按照评标价由低到高的顺序推荐 1～3 名中标候选人或根据招标人的授权直接确定中标人。

2. 评审标准

2.1 初步评审标准

2.1.1 形式评审标准：见评标办法前附表。

本项对应前附表中规定的评审因素和评审标准是列举性的，并没有包括所有评审因素和标准，招标人应根据项目具体特点和实际需要，进一步删减、补充或细化。这一原则同样适用于本款其他项规定。初步评审的因素一般包括：（1）投标人的名称；（2）投标函的签字盖章；（3）投标文件的格式；（4）联合体投标人；（5）投标报价的唯一性；（6）其他评审因素等。评审标准应当具体明了，具有可操作性。

2.1.2 资格评审标准：见评标办法前附表（适用于未进行资格预审的）。

2.1.2 资格评审标准：见本标段资格预审文件第三章“资格审查办法”详细审查标准（适用于已进行资格预审的）。

未进行资格预审的，须与第二章投标人须知前附表中对投标人资质、财务、业绩、信誉、项目经理的要求以及其他要求一致，招标人要特别注意在第二章前附表中补充和细化的要求，应在本章前附表体现出来；已进行资格预审的，须与资格预审文件资格审查办法详细审查标准保持一致。在递交资格预审申请文件后、投标截止时间前发生可能影响其资格条件或履约能力的新情况，应按照本招标文件第二章“投标人须知”第 3. 5 款规定提交更新或补充资料。

2.1.3 响应性评审标准：见评标办法前附表。

本项对应的前附表所列评审因素已经考虑到了与第二章“投标人须知”等章节的衔接。招标人依据招标项目的特点补充一些响应性评审因素和标准，如：投标人有分包计划的，其分包工作类别及工作量须符合招标文件要求。招标人允许偏离的最大范围和最高项数，应在本款中体现出来，作为判定投标是否有效的依据。

2.1.4 施工组织设计和项目管理机构评审标准：见评标办法前附表。

针对不同项目特点，招标人可以对施工组织设计和项目管理机构的评审因素及其标准进行补充、修改和细化，如施工组织设计中可以增加对施工总平面图、施工总承包的管理协调能力等评审指标，项目管理机构中可以增加对项目经理的管理能力，如创优能力、创文明工地能力以及其他一些评审指标等。

2.2 详细评审标准

详细评审标准：见评标办法前附表。

本项对应前附表中规定的量化因素和量化标准是列举性的，并没有包括所有量化因素和标准，招标人应根据项目具体特点和实际需要，进一步删减、补充或细化。

3. 评标程序

3.1 初步评审

3.1.1 评标委员会可以要求投标人提交第二章“投标人须知”第 3.5.1 项至第 3.5.5 项规定的有关证明和证件的原件，以便核验。评标委员会依据本章第 2.1 款规定的标准对投标文件进行初步评审。有一项不符合评审标准的，作废标处理。（适用于未进行资格预审的）

3.1.1 评标委员会依据本章第 2.1.1 项、第 2.1.3 项、第 2.1.4 项规定的标准对投标文件进行初步评审。有一项不符合评审标准的，作废标处理。当投标人资格预审申请文件的内容发生重大变化时，评标委员会依据本章第 2.1.2 项规定的标准对其更新资料进行评审。（适用于已进行资格预审的）

需要投标人提交原件以备核验的，招标人应在本章前附表中明确需要核验的具体证明和证件。第 3.1.1 项规定评标委员会可以要求投标人提交投标文件有关证明和证件的原件。

3.1.2 投标人有以下情形之一的，其投标作废标处理：

（1）第二章“投标人须知”第 1.4.3 项规定的任何一种情形的；

（2）串通投标或弄虚作假或有其他违法行为的；

（3）不按评标委员会要求澄清、说明或补正的。

3.1.3 投标报价有算术错误的，评标委员会按以下原则对投标报价进行修正，修正的价格经投标人书面确认后具有约束力。投标人不接受修正价格的，其投标作废标处理。

（1）投标文件中的大写金额与小写金额不一致的，以大写金额为准；

（2）总价金额与依据单价计算出的结果不一致的，以单价金额为准修正总价，但单价金额小数点有明显错误的除外。

3.2 详细评审

3.2.1 评标委员会按本章第 2.2 款规定的量化因素和标准进行价格折算，计算出评标价，并编制价格比较一览表。

3.2.2 评标委员会发现投标人的报价明显低于其他投标报价，或者在设有标底时明显低于标底，使得其投标报价可能低于其成本的，应当要求该投标人作出书面说明并提供相应的证明材料。投标人不能合理说明或者不能提供相应证明材料的，由评标委员会认定该投标人以低于成本报价竞标，其投标作废标处理。

3.3 投标文件的澄清和补正

3.3.1 在评标过程中，评标委员会可以书面形式要求投标人对所提交的投标文件中不明确的内容进行书面澄清或说明，或者对细微偏差进行补正。评标委员会不接受投标人主动提出的澄清、说明或补正。

3.3.2 澄清、说明和补正不得改变投标文件的实质性内容（算术性错误修正的除外）。投标人的书面澄清、说明和补正属于投标文件的组成部分。

3.3.3 评标委员会对投标人提交的澄清、说明或补正有疑问的，可以要求投标人进一步澄清、说明或补正，直至满足评标委员会的要求。

3.4 评标结果

3.4.1 除第二章“投标人须知”前附表授权直接确定中标人外，评标委员会按照经评审的价格由低到高的顺序推荐中标候选人。

3.4.2 评标委员会完成评标后，应当向招标人提交书面评标报告。

根据12号令第42条规定，评标报告应当如实记载以下内容：（1）基本情况和数据表；（2）评标委员会成员名单；（3）开标记录；（4）符合要求的投标一览表；（5）废标情况说明；（6）评标标准、评标方法或者评标因素一览表；（7）经评审的价格一览表；（8）经评审的投标人排序；（9）推荐的中标候选人名单或根据招标人授权确定的中标人名单，以及签订合同前要处理的事宜；（10）澄清、说明、补正事项纪要。

第三章　评标办法（综合评估法）

综合评估法一般适用于招标人对招标项目的技术、性能有特殊要求的招标项目。根据56 号令，招标人编制施工招标文件时，应不加修改地引用本章正文内容；评标办法前附表由招标人根据招标项目具体特点和实际需要编制，用于进一步明确正文中的未尽事宜，但务必与招标文件中其他章节相衔接，并不得与本章正文内容相抵触，否则抵触内容无效。在例举前附表有关内容时，已经考虑了与本招标文件其他章节和本章正文的衔接。

评标办法前附表

条款号		评审因素	评审标准
2.1.1	形式评审标准	投标人名称	与营业执照、资质证书、安全生产许可证一致
		投标函签字盖章	有法定代表人或其委托代理人签字或加盖单位章
		投标文件格式	符合第八章“投标文件格式”的要求
		联合体投标人	提交联合体协议书，并明确联合体牵头人
		报价唯一	只能有一个有效报价
		……	……
2.1.2	资格评审标准	营业执照	具备有效的营业执照
		安全生产许可证	具备有效的安全生产许可证
		资质等级	符合第二章“投标人须知”第 1.4.1 项规定
		财务状况	符合第二章“投标人须知”第 1.4.1 项规定
		类似项目业绩	符合第二章“投标人须知”第 1.4.1 项规定
		信誉	符合第二章“投标人须知”第 1.4.1 项规定
		项目经理	符合第二章“投标人须知”第 1.4.1 项规定
		其他要求	符合第二章“投标人须知”第 1.4.1 项规定
		联合体投标人	符合第二章“投标人须知”第 1.4.2 项规定
		……	……
2.1.3	响应性评审标准	投标内容	符合第二章“投标人须知”第 1.3.1 项规定
		工期	符合第二章“投标人须知”第 1.3.2 项规定
		工程质量	符合第二章“投标人须知”第 1.3.3 项规定

续表

条款号		评 审 因 素	评 审 标 准
2.1.3	响应性评审标准	投标有效期	符合第二章“投标人须知”第 3.3.1 项规定
		投标保证金	符合第二章“投标人须知”第 3.4.1 项规定
		权利义务	符合第四章“合同条款及格式”规定
		已标价工程量清单	符合第五章“工程量清单”给出的范围及数量
		技术标准和要求	符合第七章“技术标准和要求”规定
		……	……
条款号		条 款 内 容	编 列 内 容
2.2.1		分值构成 (总分 100 分)	施工组织设计：________分 项目管理机构：________分 投标报价：____________分 其他评分因素：________分
2.2.2		评标基准价计算方法	
2.2.3		投标报价的偏差率计算公式	偏差率=100%×（投标人报价–评标基准价）/评标基准价
条款号		评 分 因 素	评 分 标 准
2.2.4(1)	施工组织设计评分标准	内容完整性和编制水平	……
		施工方案与技术措施	……
		质量管理体系与措施	……
		安全管理体系与措施	……
		环境保护管理体系与措施	……
		工程进度计划与措施	……
		资源配备计划	……
		……	……
2.2.4(2)	项目管理机构评分标准	项目经理任职资格与业绩	……
		技术负责人任职资格与业绩	……
		其他主要人员	……
		……	……
2.2.4(3)	投标报价评分标准	偏差率	……
		……	……
2.2.4(4)	其他因素评分标准	……	……

1. 评标方法

本次评标采用综合评估法。评标委员会对满足招标文件实质性要求的投标文件，按照本章第 2.2 款规定的评分标准进行打分，并按得分由高到低顺序推荐中标候选人，或根据招标人授权直接确定中标人，但投标报价低于其成本的除外。综合评分相等时，以投标报价低的优先；投标报价也相等的，由招标人自行确定。

本条规定了综合评估法的基本步骤，即首先按照第 2.1 款初步评审标准对投标文件进行初步评审，然后依据第 2.2 款中的评分标准对通过初步审查的投标文件进行评分，再按照投标人得分由高到低的顺序推荐 1~3 名中标候选人或根据招标人的授权直接确定中标人的评标方法。

2. 评审标准

2.1 初步评审标准

2.1.1 形式评审标准：见评标办法前附表。

本项对应前附表中规定的评审因素和评审标准是列举性的，并没有包括所有评审因素和标准，招标人应根据项目具体特点和实际需要，进一步删减、补充或细化。这一原则同样适用于本款其他项规定。初步评审的因素一般包括：（1）投标人的名称；（2）投标函的签字盖章；（3）投标文件的格式；（4）联合体投标人；（5）投标报价的唯一性；（6）其他评审因素等。评审标准应当具体明了，具有可操作性。

2.1.2 资格评审标准：见评标办法前附表（适用于未进行资格预审的）。

2.1.2 资格评审标准：见本标段资格预审文件第三章“资格审查办法”详细审查标准（适用于已进行资格预审的）。

未进行资格预审的，须与第二章投标人须知前附表中对投标人资质、财务、业绩、信誉、项目经理的要求以及其他要求一致，招标人要特别注意在第二章前附表中补充和细化的要求，应在本章前附表体现出来；已进行资格预审的，须与资格预审文件资格审查办法详细审查标准保持一致。在递交资格预审申请文件后、投标截止时间前发生可能影响其资格条件或履约能力的新情况，应按照本招标文件第二章“投标人须知”第 3.5 款规定提交更新或补充资料。

2.1.3 响应性评审标准：见评标办法前附表。

本项对应的前附表所列评审因素已经考虑到了与第二章“投标人须知”等章节的衔接。招标人依据招标项目的特点补充一些响应性评审因素和标准，如：投标人有分包计划的，其分包工作类别及工作量须符合招标文件要求。招标人允许偏离的最大范围和最高项数，应在本款中体现出来，作为判定投标是否有效的依据。

2.2　分值构成与评分标准

2.2.1　分值构成

（1）施工组织设计：见评标办法前附表；

（2）项目管理机构：见评标办法前附表；

（3）投标报价：见评标办法前附表；

（4）其他评分因素：见评标办法前附表。

各项评审因素，如施工组织设计、项目管理机构、投标报价及其他部分所占的权重或分值填写在横线上，如：施工组织设计：__25__ 分；项目管理机构：__10__ 分；投标报价：__60__ 分；其他评分因素：__5__ 分。

2.2.2　评标基准价计算

评标基准价计算方法：见评标办法前附表。

评标基准价的计算方法应在本项对应的前附表中明确。招标人可依据招标项目的特点、行业管理规定给出评标基准价的计算方法。需要注意的是，招标人需要在前附表中明确有效报价的含义，以及不可竞争费用的处理。

2.2.3　投标报价的偏差率计算

投标报价的偏差率计算公式：见评标办法前附表。

2.2.4　评分标准

（1）施工组织设计评分标准：见评标办法前附表；

（2）项目管理机构评分标准：见评标办法前附表；

（3）投标报价评分标准：见评标办法前附表；

（4）其他因素评分标准：见评标办法前附表。

招标人应在本项对应的前附表中载明施工组织设计、项目管理机构、投标报价和其他因素的评分因素、评分标准，以及各评分因素的权重。如某项目招标文件对施工方案与技术措施规定的评分标准为：施工方案及施工方法先进可行，技术措施针对工程质量、工期和施工安全生产有充分保障 11~12 分；施工方案先进，方法可行，技术措施对工程质量、工期和施工安全生产有保障 8~10 分；施工方案及施工方法可行，技术措施针对工程质量、工期和施工安全生产基本有保障 6~7 分；施工方案及施工方法基本可行，技术措施针对工程质量、工期和施工安全生产基本有保障 1~5 分。

招标人还可以依据项目特点及行业、地方管理规定，增加一些除标准招标文件中已经明确的施工组织设计、项目管理机构及投标报价外的其他评审因素及评分标准，作为第三章评标办法的补充内容。

3. 评标程序

3.1 初步评审

3.1.1 评标委员会可以要求投标人提交第二章“投标人须知”第 3.5.1 项至第 3.5.5 项规定的有关证明和证件的原件，以便核验。评标委员会依据本章第 2.1 款规定的标准对投标文件进行初步评审。有一项不符合评审标准的，作废标处理。（适用于未进行资格预审的）

3.1.1 评标委员会依据本章第 2.1.1 项、第 2.1.3 项规定的评审标准对投标文件进行初步评审。有一项不符合评审标准的，作废标处理。当投标人资格预审申请文件的内容发生重大变化时，评标委员会依据本章第 2.1.2 项规定的标准对其更新资料进行评审。（适用于已进行资格预审的）

3.1.2 投标人有以下情形之一的，其投标作废标处理：

（1）第二章“投标人须知”第 1.4.3 项规定的任何一种情形的；

（2）串通投标或弄虚作假或有其他违法行为的；

（3）不按评标委员会要求澄清、说明或补正的。

3.1.3 投标报价有算术错误的，评标委员会按以下原则对投标报价进行修正，修正的价格经投标人书面确认后具有约束力。投标人不接受修正价格的，其投标作废标处理。

（1）投标文件中的大写金额与小写金额不一致的，以大写金额为准；

（2）总价金额与依据单价计算出的结果不一致的，以单价金额为准修正总价，但单价金额小数点有明显错误的除外。

3.2 详细评审

3.2.1 评标委员会按本章第 2.2 款规定的量化因素和分值进行打分，并计算出综合评估得分。

（1）按本章第 2.2.4（1）目规定的评审因素和分值对施工组织设计计算出得分 A；

（2）按本章第 2.2.4（2）目规定的评审因素和分值对项目管理机构计算出得分 B；

（3）按本章第 2.2.4（3）目规定的评审因素和分值对投标报价计算出得分 C；

（4）按本章第 2.2.4（4）目规定的评审因素和分值对其他部分计算出得分 D。

3.2.2 评分分值计算保留小数点后两位，小数点后第三位“四舍五入”。

3.2.3 投标人得分=A+B+C+D。

3.2.4 评标委员会发现投标人的报价明显低于其他投标报价，或者在设有标底时明显低于标底，使得其投标报价可能低于其个别成本的，应当要求该投标人作出书面说明并提供相应的证明材料。投标人不能合理说明或者不能提供相应证明材料的，由评标委员会认定该投标人以低于成本报价竞标，其投标作废标处理。

3.3 投标文件的澄清和补正

3.3.1 在评标过程中，评标委员会可以书面形式要求投标人对所提交投标文件中不明确的内容进行书面澄清或说明，或者对细微偏差进行补正。评标委员会不接受投标人主动提出的澄清、说明或补正。

3.3.2 澄清、说明和补正不得改变投标文件的实质性内容（算术性错误修正的除外）。投标人的书面澄清、说明和补正属于投标文件的组成部分。

3.3.3 评标委员会对投标人提交的澄清、说明或补正有疑问的，可以要求投标人进一步澄清、说明或补正，直至满足评标委员会的要求。

3.4 评标结果

3.4.1 除第二章“投标人须知”前附表授权直接确定中标人外，评标委员会按照得分由高到低的顺序推荐中标候选人。

3.4.2 评标委员会完成评标后，应当向招标人提交书面评标报告。

根据 12 号令第 42 条规定，评标报告应当如实记载以下内容：（1）基本情况和数据表；（2）评标委员会成员名单；（3）开标记录；（4）符合要求的投标一览表；（5）废标情况说明；（6）评标标准、评标方法或者评标因素一览表；（7）评分比较一览表；（8）经评审的投标人排序；（9）推荐的中标候选人名单或根据招标人授权确定的中标人名单，以及签订合同前要处理的事宜；（10）澄清、说明、补正事项纪要。

第四章　合同条款及格式

第一节　通用合同条款

通用合同条款使用说明

一、总说明

1. 本通用合同条款（以下简称合同条款）根据国家有关法律、法规和部门规章，以及按合同管理的操作要求进行约定和设置。

2. 合同条款是以发包人委托监理人管理工程合同的模式设定合同当事人的权利、义务和责任，区别于由发包人和承包人双方直接进行约定和操作的合同管理模式。监理人作为发包人授权的合同管理者对合同实施管理，发出的任何指示均被视为已取得发包人同意，但监理人无权免除或变更合同约定的发包人和承包人的权利、义务和责任。监理人的具体权限范围，由发包人根据合同管理的需要确定。

3. 鉴于工程建设项目施工较为复杂、合同履行周期较长等特点，为使当事人能够在合同订立时客观评估合同风险，按照国内工程建设有关法律、法规、规程确立的工程建设项目施工管理模式，参考 FIDIC 有关内容，合同条款对发包人、承包人的责任进行恰当的划分，在材料和设备、工程质量、计量、变更、违约责任等方面，对双方当事人权利、义务、责任作了相对具体、集中和具有操作性的规定，为明确责任、减少合同纠纷提供了条件。

4. 为了保证合同的完整性和严密性，便于合同管理并兼顾到各行业的不同特点，合同条款留有空间，供行业主管部门和招标人根据项目具体情况编制专用合同条款予以补充，使整个合同文件趋于完整和严密。对合同条款中规定的一些授权条款，由行业主管部门作出规定或由当事人另行约定，但行业主管部的规定不得与合同条款强制性内容相抵触，另行约定的内容不得违反法律、行政法规的强制性规定。

5. 合同条款同时适用于单价合同和总价合同。合同条款中涉及单价合同和总价合同的，主要有第 15.1 款“变更的范围和内容”、第 15.4 款“变更估价原则”、第 16.1 款“物价波动引起的价格调整”、第 17.1 款“计量”和第 17.3 款“工程进度付款”。招标人在编制招标文件时，应根据各行业和具体工程的不同特点和要求，进行修改和补充。

6. 从合同的公平原则出发，合同条款引入了争议评审机制，供当事人选择使用，以更好地引导双方解决争议，提高合同管理效率。

7. 为增强合同管理可操作性，合同条款设置了几个主要的合同管理程序，包括工程进度控制程序、暂停施工程序、隐蔽部位覆盖检查程序、变更程序、工程进度付款及修正程序、竣工结算程序、竣工验收程序、最终结清程序、争议解决程序。

二、合同管理主要程序

（一）工程进度控制程序

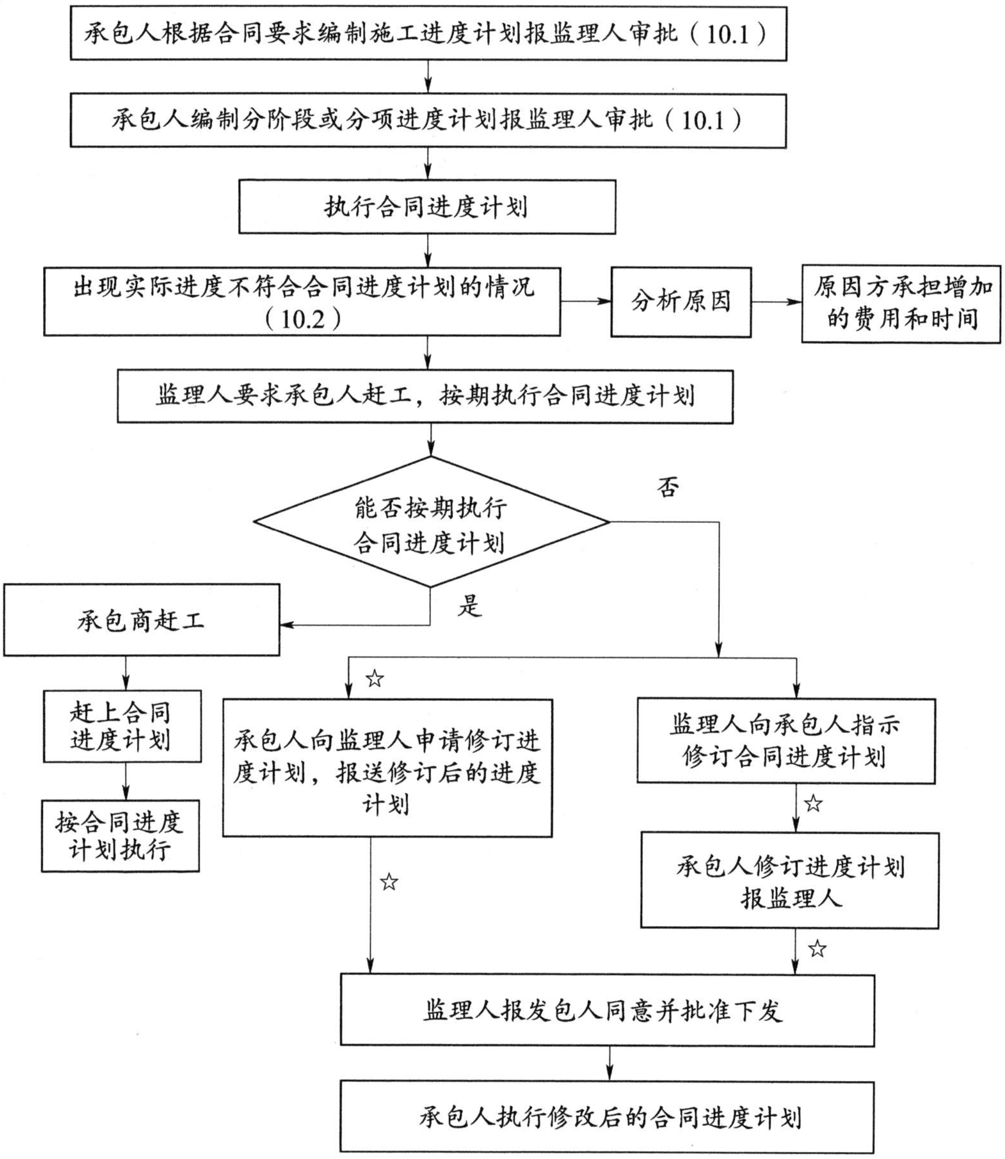

☆ 期限应在专用合同条款中规定

（二）暂停施工程序流程图

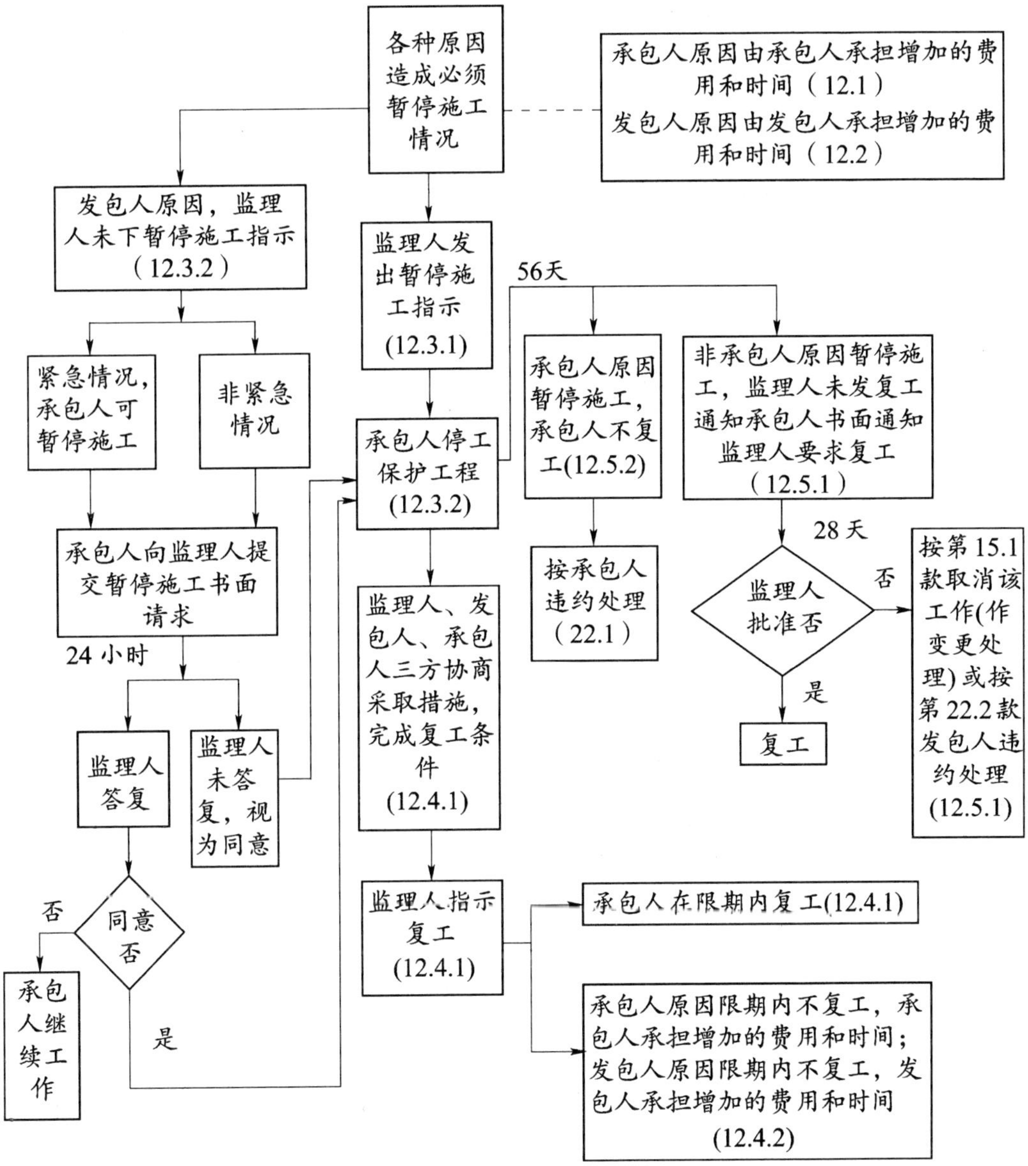
各种原因造成必须暂停施工情况
承包人原因由承包人承担增加的费用和时间（12.1）
发包人原因由发包人承担增加的费用和时间（12.2）
发包人原因，监理人未下暂停施工指示（12.3.2）
监理人发出暂停施工指示(12.3.1)
56天
紧急情况，承包人可暂停施工
非紧急情况
承包人停工保护工程(12.3.2)
承包人原因暂停施工，承包人不复工(12.5.2)
非承包人原因暂停施工，监理人未发复工通知承包人书面通知监理人要求复工（12.5.1）
承包人向监理人提交暂停施工书面请求
24小时
按承包人违约处理（22.1）
28天
监理人批准否
否
按第15.1款取消该工作(作变更处理)或按第22.2款发包人违约处理(12.5.1)
是
复工
监理人、发包人、承包人三方协商采取措施，完成复工条件(12.4.1)
监理人答复
监理人未答复，视为同意
否
同意否
承包人继续工作
是
监理人指示复工(12.4.1)
承包人在限期内复工(12.4.1)
承包人原因限期内不复工，承包人承担增加的费用和时间；发包人原因限期内不复工，发包人承担增加的费用和时间(12.4.2)

（三）隐蔽部位覆盖检查程序

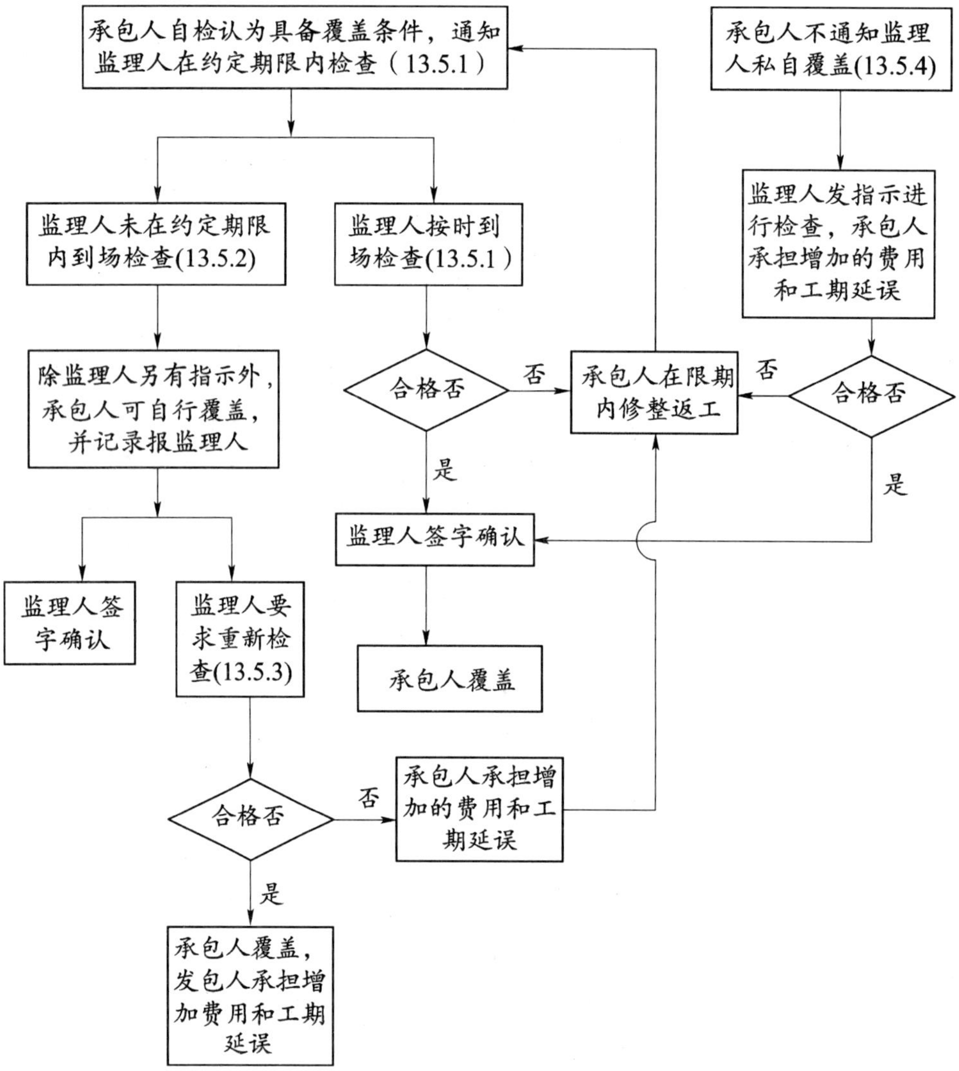

（四）变更程序

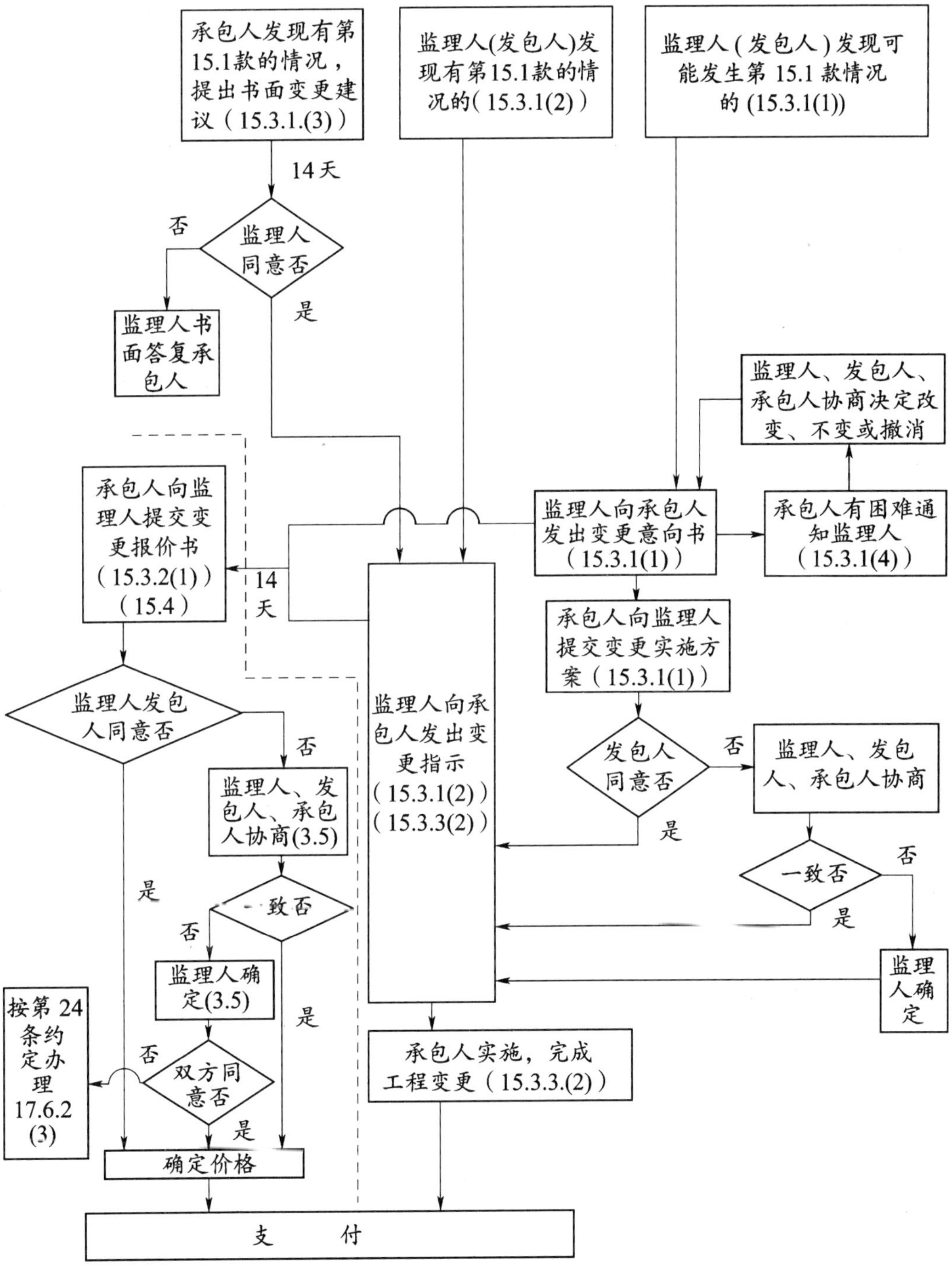
承包人发现有第15.1款的情况，提出书面变更建议（15.3.1.(3)）
监理人(发包人)发现有第15.1款的情况的（15.3.1(2)）
监理人（发包人）发现可能发生第15.1款情况的(15.3.1(1))
14天
监理人同意否
否
是
监理人书面答复承包人
监理人、发包人、承包人协商决定改变、不变或撤消
监理人向承包人发出变更意向书（15.3.1(1)）
承包人有困难通知监理人（15.3.1(4)）
承包人向监理人提交变更报价书（15.3.2(1)）（15.4）
14天
监理人向承包人发出变更指示（15.3.1(2)）（15.3.3(2)）
承包人向监理人提交变更实施方案（15.3.1(1)）
监理人发包人同意否
否
监理人、发包人、承包人协商(3.5)
发包人同意否
否
是
监理人、发包人、承包人协商
一致否
否
是
是
一致否
否
是
监理人确定(3.5)
监理人确定
按第24条约定办理17.6.2(3)
否
双方同意否
是
确定价格
承包人实施，完成工程变更（15.3.3.(2)）
支　付

（五）工程进度付款及修正程序

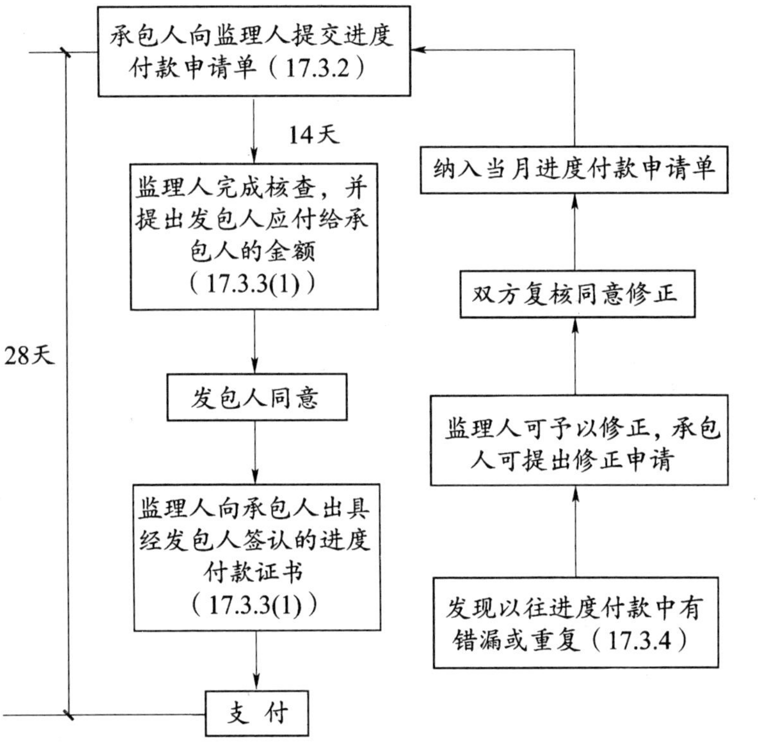

（六）竣工结算程序

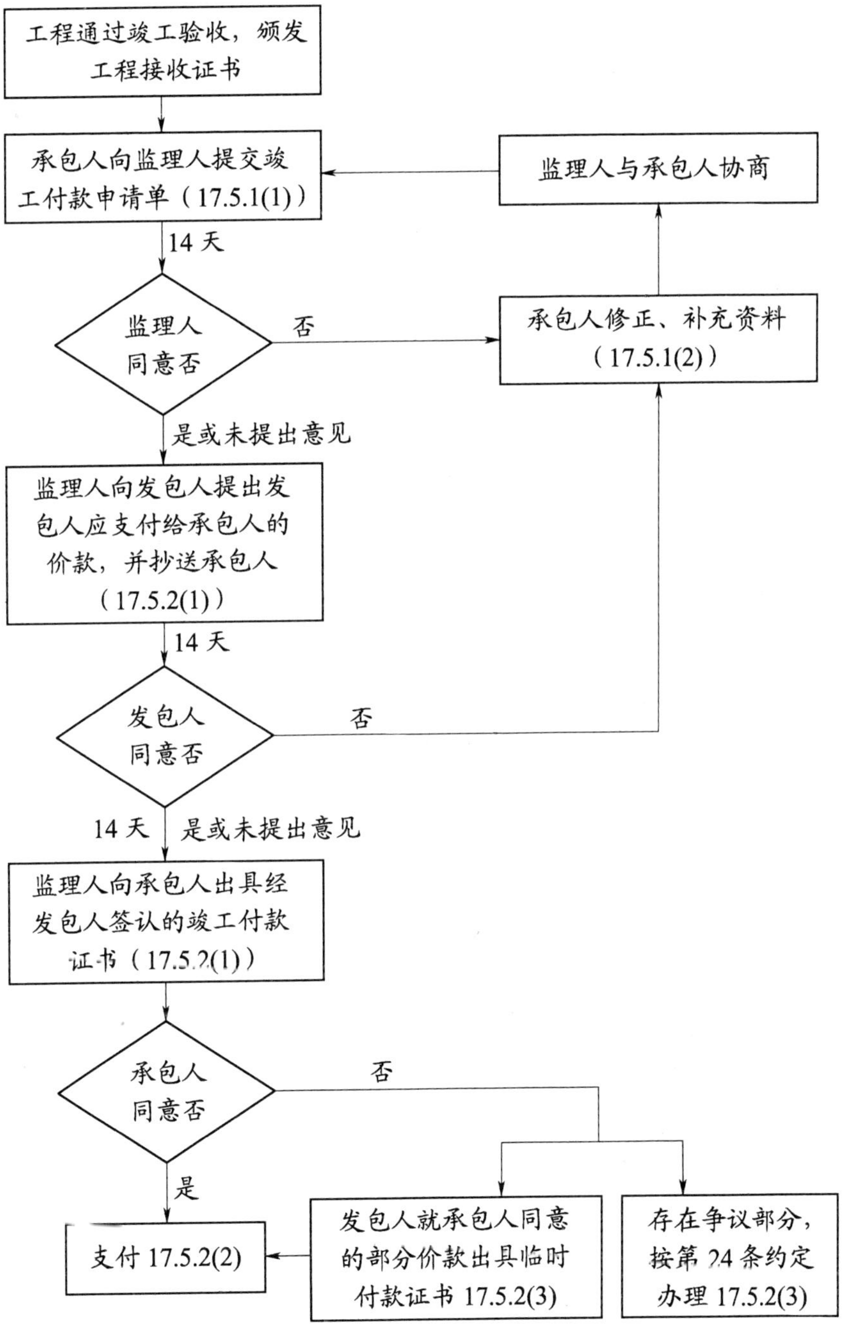
工程通过竣工验收，颁发工程接收证书
承包人向监理人提交竣工付款申请单（17.5.1(1)）
监理人与承包人协商
14 天
监理人同意否
否
承包人修正、补充资料（17.5.1(2)）
是或未提出意见
监理人向发包人提出发包人应支付给承包人的价款，并抄送承包人（17.5.2(1)）
14 天
发包人同意否
否
14 天
是或未提出意见
监理人向承包人出具经发包人签认的竣工付款证书（17.5.2(1)）
承包人同意否
否
是
支付 17.5.2(2)
发包人就承包人同意的部分价款出具临时付款证书 17.5.2(3)
存在争议部分，按第 24 条约定办理 17.5.2(3)

（七）竣工验收程序

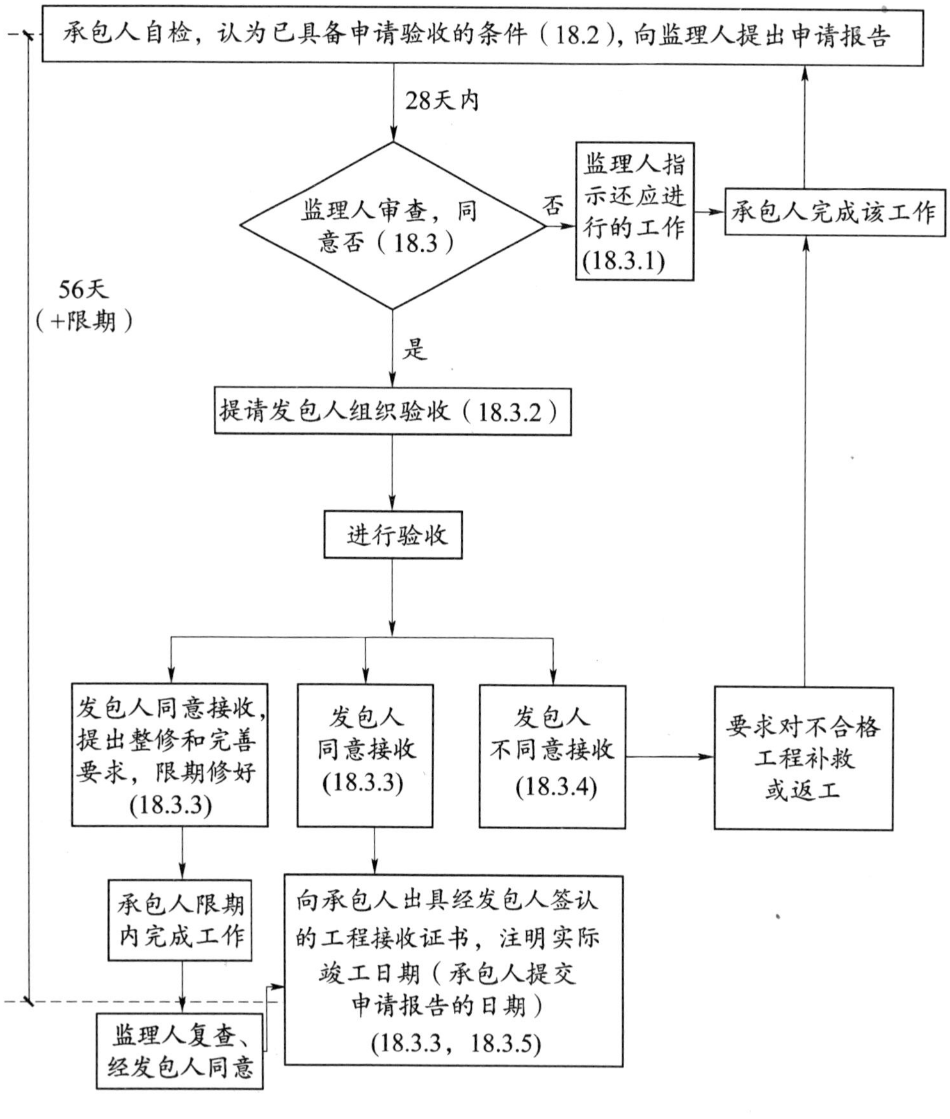
承包人自检，认为已具备申请验收的条件（18.2），向监理人提出申请报告
28天内
监理人审查，同意否（18.3）
否
监理人指示还应进行的工作（18.3.1）
承包人完成该工作
56天（+限期）
是
提请发包人组织验收（18.3.2）
进行验收
发包人同意接收，提出整修和完善要求，限期修好（18.3.3）
发包人同意接收（18.3.3）
发包人不同意接收（18.3.4）
要求对不合格工程补救或返工
承包人限期内完成工作
向承包人出具经发包人签认的工程接收证书，注明实际竣工日期（承包人提交申请报告的日期）（18.3.3，18.3.5）
监理人复查、经发包人同意

（八）最终结清程序

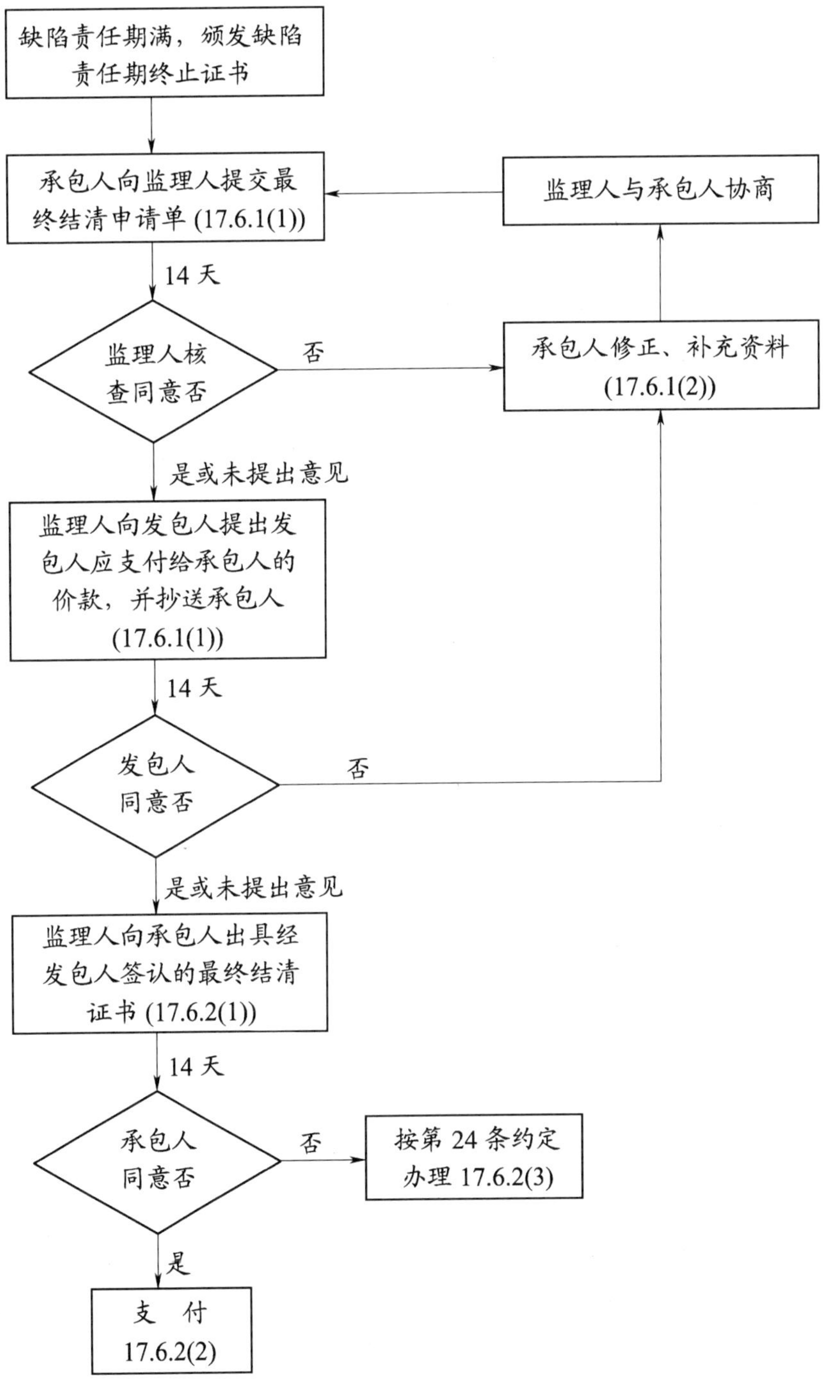

缺陷责任期满，颁发缺陷责任期终止证书
承包人向监理人提交最终结清申请单 (17.6.1(1))
监理人与承包人协商
14 天
监理人核查同意否
否
承包人修正、补充资料 (17.6.1(2))
是或未提出意见
监理人向发包人提出发包人应支付给承包人的价款，并抄送承包人 (17.6.1(1))
14 天
发包人同意否
否
是或未提出意见
监理人向承包人出具经发包人签认的最终结清证书 (17.6.2(1))
14 天
承包人同意否
否
按第 24 条约定办理 17.6.2(3)
是
支 付 17.6.2(2)

（九）争议的解决程序

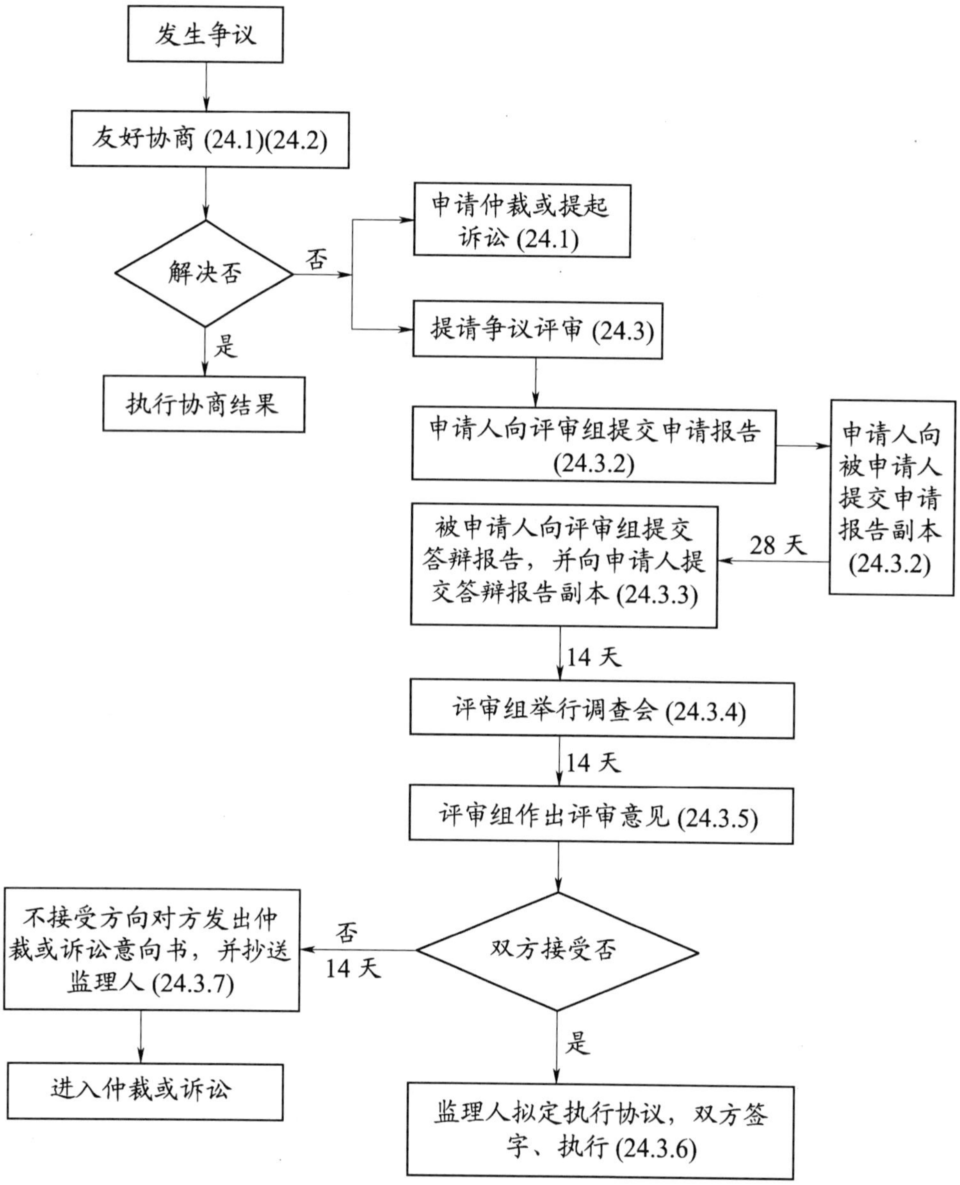
发生争议
友好协商 (24.1)(24.2)
解决否
否
申请仲裁或提起诉讼 (24.1)
提请争议评审 (24.3)
是
执行协商结果
申请人向评审组提交申请报告 (24.3.2)
申请人向被申请人提交申请报告副本 (24.3.2)
28 天
被申请人向评审组提交答辩报告，并向申请人提交答辩报告副本 (24.3.3)
14 天
评审组举行调查会 (24.3.4)
14 天
评审组作出评审意见 (24.3.5)
双方接受否
否
14 天
不接受方向对方发出仲裁或诉讼意向书，并抄送监理人 (24.3.7)
进入仲裁或诉讼
是
监理人拟定执行协议，双方签字、执行 (24.3.6)

通用合同条款

1. 一般约定

1.1 词语定义

（1）本款中的词语为本合同主要和常用词语，词语定义只针对合同使用要求给予定义，不一定是该词语的通常含义。

（2）专用合同条款、投标函附录以及其他合同文件所使用的词语定义应与本款一致。

（3）专用合同条款可针对行业和项目的具体情况，增加新的词语定义，但不得修改本款的任何词语定义。

通用合同条款、专用合同条款中的下列词语应具有本款所赋予的含义。

1.1.1 合同

1.1.1.1 合同文件（或称合同）：指合同协议书、中标通知书、投标函及投标函附录、专用合同条款、通用合同条款、技术标准和要求、图纸、已标价工程量清单，以及其他合同文件。

1.1.1.2 合同协议书：指第 1.5 款所指的合同协议书。

1.1.1.3 中标通知书：指发包人通知承包人中标的函件。

1.1.1.4 投标函：指构成合同文件组成部分的由承包人填写并签署的投标函。

1.1.1.5 投标函附录：指附在投标函后构成合同文件的投标函附录。

1.1.1.6 技术标准和要求：指构成合同文件组成部分的名为技术标准和要求的文件，包括合同双方当事人约定对其所作的修改或补充。

1.1.1.7 图纸：指包含在合同中的工程图纸，以及由发包人按合同约定提供的任何补充和修改的图纸，包括配套的说明。

1.1.1.8 已标价工程量清单：指构成合同文件组成部分的由承包人按照规定的格式和要求填写并标明价格的工程量清单。

1.1.1.9 其他合同文件：指经合同双方当事人确认构成合同文件的其他文件。

本项界定了合同文件的组成，明确了合同协议书、中标通知书、投标函及投标函附录、技术标准和要求、图纸、已标价工程量清单和其他合同文件的定义。

本项第 1.1.1.1 目中的“其他合同文件”主要是为满足不同行业、不同项目的实际和合同管理需要所作的规定。根据第 1.1.1.9 目规定，其他合同文件必须经合同双方当事人确认。

1.1.2 合同当事人和人员

1.1.2.1 合同当事人：指发包人和（或）承包人。

1.1.2.2　发包人：指专用合同条款中指明并与承包人在合同协议书中签字的当事人。

1.1.2.3　承包人：指与发包人签订合同协议书的当事人。

1.1.2.4　承包人项目经理：指承包人派驻施工场地的全权负责人。

1.1.2.5　分包人：指从承包人处分包合同中某一部分工程，并与其签订分包合同的分包人。

1.1.2.6　监理人：指在专用合同条款中指明的，受发包人委托对合同履行实施管理的法人或其他组织。

1.1.2.7　总监理工程师（总监）：指由监理人委派常驻施工场地对合同履行实施管理的全权负责人。

第 1.1.2.1 目中的“和（或）”需结合上下文进行理解，是指“发包人和承包人”、“发包人”或“承包人”。合同条款其他地方出现的“和（或）”依此类推。

1.1.3　工程和设备

1.1.3.1　工程：指永久工程和（或）临时工程。

1.1.3.2　永久工程：指按合同约定建造并移交给发包人的工程，包括工程设备。

1.1.3.3　临时工程：指为完成合同约定的永久工程所修建的各类临时性工程，不包括施工设备。

1.1.3.4　单位工程：指专用合同条款中指明特定范围的永久工程。

1.1.3.5　工程设备：指构成或计划构成永久工程一部分的机电设备、金属结构设备、仪器装置及其他类似的设备和装置。

1.1.3.6　施工设备：指为完成合同约定的各项工作所需的设备、器具和其他物品，不包括临时工程和材料。

1.1.3.7　临时设施：指为完成合同约定的各项工作所服务的临时性生产和生活设施。

1.1.3.8　承包人设备：指承包人自带的施工设备。

1.1.3.9　施工场地（或称工地、现场）：指用于合同工程施工的场所，以及在合同中指定作为施工场地组成部分的其他场所，包括永久占地和临时占地。

1.1.3.10　永久占地：指专用合同条款中指明为实施合同工程需永久占用的土地。

1.1.3.11　临时占地：指专用合同条款中指明为实施合同工程需临时占用的土地。

本项界定了本合同条款中工程（包括永久工程、临时工程和单位工程）、设备（包括工程设备、施工设备和承包人设备）、临时设施、施工场地，以及永久占地和临时占地。第 1.1.3.3 目对临时工程的定义是，为完成永久工程所应修建的各类临时性工程，包括临时性道路（可能包括占用耕地的恢复）、河床上的导流围堰（包括基础处理和基础防渗工程）等。第 1.1.3.7 目对临时设施的定义是，为完成各项工作所服务的临时性生产和生活设施。一般情况下，临时工程和临时设施应在竣工后拆除。有些临时工程如水利、水电工程中导流工程中的部分可能成为永久工程的一个组成部分。

1.1.4 日期

1.1.4.1 开工通知：指监理人按第 11.1 款通知承包人开工的函件。

1.1.4.2 开工日期：指监理人按第 11.1 款发出的开工通知中写明的开工日期。

1.1.4.3 工期：指承包人在投标函中承诺的完成合同工程所需的期限，包括按第 11.3 款、第 11.4 款和第 11.6 款约定所作的变更。

1.1.4.4 竣工日期：指第 1.1.4.3 目约定工期届满时的日期。实际竣工日期以工程接收证书中写明的日期为准。

1.1.4.5 缺陷责任期：指履行第 19.2 款约定的缺陷责任的期限，具体期限由专用合同条款约定，包括根据第 19.3 款约定所作的延长。

1.1.4.6 基准日期：指投标截止时间前 28 天的日期。

1.1.4.7 天：除特别指明外，指日历天。合同中按天计算时间的，开始当天不计入，从次日开始计算。期限最后一天的截止时间为当天 24:00。

1.1.5 合同价格和费用

1.1.5.1 签约合同价：指签定合同时合同协议书中写明的，包括了暂列金额、暂估价的合同总金额。

1.1.5.2 合同价格：指承包人按合同约定完成了包括缺陷责任期内的全部承包工作后，发包人应付给承包人的金额，包括在履行合同过程中按合同约定进行的变更和调整。

1.1.5.3 费用：指为履行合同所发生的或将要发生的所有合理开支，包括管理费和应分摊的其他费用，但不包括利润。

本合同条款对费用和利润作了区分。例如，当出现第 4.11 款的不利物质条件情形的，发包人补偿的是费用和工期，而出现第 5.2.6 项的发包人提供的材料和设备存在缺陷并影响承包人工期、第 12.2 款发包人暂停施工的责任等情形的，发包人除补偿费用和工期外，还应支付利润。

1.1.5.4 暂列金额：指已标价工程量清单中所列的暂列金额，用于在签订协议书时尚未确定或不可预见变更的施工及其所需材料、工程设备、服务等的金额，包括以计日工方式支付的金额。

1.1.5.5 暂估价：指发包人在工程量清单中给定的用于支付必然发生但暂时不能确定价格的材料、工程设备以及专业工程的金额。

（1）暂估价与暂列金额均是工程量清单的组成部分，暂估价是肯定要发生的项目，而暂列金额中的内容和项目可能发生也可能不发生。

（2）如果招标时工程局部需求的内容、质量标准或同一产品市场价格、质量水准差异较大，或施工图的局部设计深度还不能完全满足施工需要，可将施工或安装此类工程、设备或材料，在招标文件工程量清单中给出相应的暂估项目和暂估价格。

（3）暂列金额主要用于支付在签订协议书时尚未确定的工作或合同执行过程中不可预见的地质或物质条件、设计变更等造成的合同变更的价款支付。

1.1.5.6 计日工：指对零星工作采取的一种计价方式，按合同中的计日工子目及其单价计价付款。

1.1.5.7 质量保证金（或称保留金）：指按第 17.4.1 项约定用于保证在缺陷责任期内履行缺陷修复义务的金额。

1.1.6 其他

1.1.6.1 书面形式：指合同文件、信函、电报、传真等可以有形地表现所载内容的形式。

1.2 语言文字

除专用术语外，合同使用的语言文字为中文。必要时专用术语应附有中文注释。

1.3 法律

适用于合同的法律包括中华人民共和国法律、行政法规、部门规章，以及工程所在地的地方法规、自治条例、单行条例和地方政府规章。

本款约定的法律、行政法规、部门规章，以及地方法规、自治条例、单行条例和地方政府规章，与《立法法》有关规定的含义一致，合同当事人必须遵守。

1.4 合同文件的优先顺序

组成合同的各项文件应互相解释，互为说明。除专用合同条款另有约定外，解释合同文件的优先顺序如下：

（1）合同协议书；

（2）中标通知书；

（3）投标函及投标函附录；

（4）专用合同条款；

（5）通用合同条款；

（6）技术标准和要求；

（7）图纸；

（8）已标价工程量清单；

（9）其他合同文件。

（1）本款为合同当事人提供了合同文件的优先顺序示例。合同当事人可根据合同管理需要在专用合同条款中另行约定合同文件优先顺序。

（2）在签订合同协议书时，需要在专用合同条款中对“其他合同文件”的具体组成作进一步细化。

1.5 合同协议书

承包人按中标通知书规定的时间与发包人签订合同协议书。除法律另有规定或合同另有约定外，发包人和承包人的法定代表人或其委托代理人在合同协议书上签字并盖单位章后，合同生效。

根据本款约定，合同通常在发包人和承包人的法定代表人或其委托代理人在合同协议书上签字并盖单位章后生效。《合同法》第 44 条规定，法律、行政法规规定合同应当办理批准、登记等手续生效的，依照其规定。第 45 条规定，当事人对合同的效力可以约定附条件。附生效条件的合同，自条件成就时生效。第 46 条规定，当事人对合同的效力可以约定附期限，附生效期限的合同，自期限届至时生效。本合同条款中所附合同协议书的格式供当事人参考，可以修改和调整。

1.6 图纸和承包人文件

1.6.1 图纸的提供

除专用合同条款另有约定外，图纸应在合理的期限内按照合同约定的数量提供给承包人。由于发包人未按时提供图纸造成工期延误的，按第 11.3 款的约定办理。

1.6.2 承包人提供的文件

按专用合同条款约定由承包人提供的文件，包括部分工程的大样图、加工图等，承包人应按约定的数量和期限报送监理人。监理人应在专用合同条款约定的期限内批复。

1.6.3 图纸的修改

图纸需要修改和补充的，应由监理人取得发包人同意后，在该工程或工程相应部位施工前的合理期限内签发图纸修改图给承包人，具体签发期限在专用合同条款中约定。承包人应按修改后的图纸施工。

1.6.4 图纸的错误

承包人发现发包人提供的图纸存在明显错误或疏忽，应及时通知监理人。

1.6.5 图纸和承包人文件的保管

监理人和承包人均应在施工场地各保存一套完整的包含第 1.6.1 项、第 1.6.2 项、第 1.6.3 项约定内容的图纸和承包人文件。

（1）合同条款约定的合同类型是由发包人提供图纸的施工承包，图纸包括各种图纸和相关的资料、记录与附件，是构成合同条款的重要组成部分。发包人委托相关设计咨询机构完成设计工作，承包人应当按图施工。这一点与设计施工总承包或交钥匙工程是有区别的。

（2）第 1.6.2 项中约定的由承包人提供的部分工程的大样图、加工图等，是承包人提供的文件，不属于本合同条款定义的“图纸”，不应作为计量和结算的依据。

（3）第 1.6.4 项约定当承包人发现发包人提供的图纸存在明显错误或疏忽，应及时通知监理人，但没有规定承包人需承担信息不反馈带来的损失赔偿责任。这是因为在操作层面上，很难判别承包人是否应发现明显错误；从合同风险分配来看，这种风险责任应属发包人。但如果事后承包人就发包人提供的图纸存在错误或疏忽提出索赔时，必须证明损失是由于图纸的错误或疏忽造成的，并且这种错误或疏忽不易识别。

1.7 联络

1.7.1 与合同有关的通知、批准、证明、证书、指示、要求、请求、同意、意见、确定和决定等，均应采用书面形式。

1.7.2 第 1.7.1 项中的通知、批准、证明、证书、指示、要求、请求、同意、意见、确定和决定等来往函件，均应在合同约定的期限内送达指定地点和接收人，并办理签收手续。

本款约定第 1.7.1 项所列有关合同的各项文件均应采用书面形式。合同法第 11 条规定，书面形式是指合同书、信件和数据电文（包括电报、电传、传真、电子数据交换和电子邮件）等可以有形表现所载内容的形式。

1.8 转让

除合同另有约定外，未经对方当事人同意，一方当事人不得将合同权利全部或部分转让给第三人，也不得全部或部分转移合同义务。

合同权利义务的转让，应遵守《合同法》、《招标投标法》等有关法律规定。

1.9 严禁贿赂

合同双方当事人不得以贿赂或变相贿赂的方式，谋取不当利益或损害对方权益。因贿赂造成对方损失的，行为人应赔偿损失，并承担相应的法律责任。

在工程招投标和履行合同过程中，以贿赂手段谋取不正当利益，不仅损害了合同当事人的利益，还将影响工程质量，甚至可能危及工程安全。因此，合同双方当事人均应采取有效措施，禁止本合同有关单位和人员采用贿赂或类似的行为谋取不正当利益。

1.10 化石、文物

1.10.1 在施工场地发掘的所有文物、古迹以及具有地质研究或考古价值的其他遗迹、化石、钱币或物品属于国家所有。一旦发现上述文物，承包人应采取有效合理的保护措施，防止任何人员移动或损坏上述物品，并立即报告当地文物行政部门，同时通知监理人。发包人、监理人和承包人应按文物行政部门要求采取妥善保护措施，由此导致费用增加和（或）工期延误由发包人承担。

1.10.2 承包人发现文物后不及时报告或隐瞒不报，致使文物丢失或损坏的，应赔偿损失，并承担相应的法律责任。

根据《文物保护法》第 32 条规定，在施工场地发掘的化石和文物均属国家财产。本款要求承包人在施工中一旦发现此类物品，应立即通知监理人并做好保护工作，由监理人或发包人负责与当地文物行政部门联系，确定处理办法。

1.11 专利技术

1.11.1 承包人在使用任何材料、承包人设备、工程设备或采用施工工艺时，因侵犯专利权或其他知识产权所引起的责任，由承包人承担，但由于遵照发包人提供的设计或技术标准和要求引起的除外。

1.11.2 承包人在投标文件中采用专利技术的，专利技术的使用费包含在投标报价内。

1.11.3 承包人的技术秘密和声明需要保密的资料和信息，发包人和监理人不得为合同以外的目的泄露给他人。

（1）按我国现行法律规定，实用工艺方法、措施和技术秘密、商业信息不属于专利技术，但对企业品牌或核心技术竞争力有非常重要的作用。当企业使用相关资料作为投标文件的组成部分时，如发包人和监理人泄露出去，就可能被竞争对手利用，对投标人造成不利影响。发包人和监理人对承包人的技术秘密和声明需要保密的资料和信息负有保密义务，不得为合同以外的目的泄露给他人。

（2）行业主管部门和招标人在编制招标文件时，一是要注意与《专利法》、《知识产权保护条例》等有关知识产权法律法规相衔接，二是招标人在招标文件中，涉及投标人提供的实用工艺方法、措施和技术秘密、商业信息等内容，其范围应以满足使用和需要为限，同时不得泄露。

1.12 图纸和文件的保密

1.12.1 发包人提供的图纸和文件，未经发包人同意，承包人不得为合同以外的目的泄露给他人或公开发表与引用。

1.12.2 承包人提供的文件，未经承包人同意，发包人和监理人不得为合同以外的目的泄露给他人或公开发表与引用。

（1）本款约定了发包人、承包人、监理人对图纸和文件的保密义务。根据《合同法》第 266 条规定，承揽人应当按照定作人的要求保守秘密，未经定作人许可，不得留存复制品或者技术资料。据此，本款分别对承包人、发包人和监理人的保密义务作出了规定。

（2）就合同双方而言，承包人或以承包人名义编制的或提供的图纸和文件，其知识产权归承包人所有，发包人或以发包人名义编制的或提供的图纸和文件，其知识产权归发包人所有。发包人和承包人相互提供的图纸和文件只供对方用于本合同工程，不得为其他目的泄露给第三方或公开发表与引用。

（3）对工程本身有需要保密的图纸和文件，或相关的其他事项，合同双方可就应共同遵守的保密制度和需要保密的内容，在专用合同条款或签订合同协议书时补充约定。

2. 发包人义务

2.1 遵守法律

发包人在履行合同过程中应遵守法律，并保证承包人免于承担因发包人违反法律而引起的任何责任。

2.2 发出开工通知

发包人应委托监理人按第 11.1 款的约定向承包人发出开工通知。

发包人应及时向承包人发出开工通知，若延误发出开工通知，将可能使承包人失去开工的最佳时机，打乱工作计划，影响工程工期，并可能形成索赔。

考虑到不同行业和项目的差别，通用合同条款和招标文件中没有将具体的开工时间作为合同条款，可根据需要在合同协议书、投标函附录、专用合同条款中另行约定。

2.3 提供施工场地

发包人应按专用合同条款约定向承包人提供施工场地，以及施工场地内地下管线和地下设施等有关资料，并保证资料的真实、准确、完整。

及时向承包人提供施工场地是工程顺利开工的关键，发包人应在合同约定的时间内，按专用合同条款的约定提供施工场地。《建设工程安全生产管理条例》第 6 条规定，建设单位应当向施工单位提供施工现场及毗邻区域内供水、排水、供电、供气、供热、通信、广播电视等地下管线资料，气象和水文观测资料，相邻建筑物和构筑物、地下工程的有关资料，并保证资料的真实、准确、完整。但承包人自行承担据此作出的判断、推论、决策的后果。

需要注意的是，施工场地包括永久占地和临时占地，临时占地在不同的行业或具体的项目中对费用的承担和提供的时间上存在差异，可在专用合同条款中另行约定。

2.4 协助承包人办理证件和批件

发包人应协助承包人办理法律规定的有关施工证件和批件。

承包人在办理相关证件和批件过程中可能需要获得发包人的协助，如提供相关证明文件等。发包人应及时提供这些协助，以方便承包人顺利开展施工。

2.5 组织设计交底

发包人应根据合同进度计划，组织设计单位向承包人进行设计交底。

设计单位向承包人进行设计交底是承包人按照设计图纸施工，保证施工质量的前提。《建设工程质量管理条例》第 23 条规定，设计单位应当就审查合格的施工图设计文件，向施工单位作出详细说明。据此，本款规定由发包人组织设计单位向承包人设计交底。

2.6 支付合同价款

发包人应按合同约定向承包人及时支付合同价款。

《合同法》第 269 条规定，发包人应向承包人支付价款。按合同约定及时支付合同价款是发包人的主要义务，也是工程顺利完工的重要保障。发包人应按合同约定支付预付款、进度付款、竣工付款、最终结清款。需要注意的是，政府投资项目不得使用带资承包方式进行建设。根据建设部、国家发改委、财政部、中国人民银行《关于严禁政府投资项目使用带资承包方式进行建设的通知》（建市[2006]6 号），建设单位未全额支付工程预付款或未按工程进度按月支付工程款，由建筑企业垫款垫工的行为，属于带资承包。

2.7 组织竣工验收

发包人应按合同约定及时组织竣工验收。

本合同范围内的竣工验收是指发包人按合同接收承包人工程的竣工验收。

2.8 其他义务

发包人应履行合同约定的其他义务。

上述 7 款是发包人的主要义务。从广义上讲，合同条款中涉及发包人应做的工作，均属发包人义务。协调勘察、设计、施工承包人、监理人，以及其他与工程施工有关的其他人的关系，应列入发包人的其他义务。

3. 监理人

3.1 监理人的职责和权力

3.1.1 监理人受发包人委托，享有合同约定的权力。监理人在行使某项权力前需要经发包人事先批准而通用合同条款没有指明的，应在专用合同条款中指明。

3.1.2 监理人发出的任何指示应视为已得到发包人的批准，但监理人无权免除或变更合同约定的发包人和承包人的权利、义务和责任。

3.1.3 合同约定应由承包人承担的义务和责任，不因监理人对承包人提交文件的审查或批准，对工程、材料和设备的检查和检验，以及为实施监理作出的指示等职务行为而减轻或解除。

（1）本款规定了监理人的职责和权力。监理人作为合同管理者，其职责主要有两个方面，一是作为发包人的代理人，负责发出指示、检查工程质量、进度等现场管理工作；二是作为第三方，负责商定或确定有关事项，如单价的合理调整、变更估价、索赔等。

（2）第 3.1.1 项明确监理人权限来源，监理人应按合同约定行使发包人委托的权力。在本合同条款中涉及“监理人有权……”的条款时，表明监理人这些权力已获得发包人授权。根据现场合同管理的需要，本项规定，监理人在行使某项权力前需要经发包人事先批准而通用合同条款没有指明的，应在专用合同条款中详细指明。

（3）第 3.1.2 项规定了监理人发出指示的效力以及对其权力的限制。《合同法》第 49 条规定，行为人没有代理权、超越代理权或者代理权终止后以被代理人名义订立合同，相对人有理由相信行为人有代理权的，该代理行为有效。

3.2 总监理工程师

发包人应在发出开工通知前将总监理工程师的任命通知承包人。总监理工程师更换时，应在调离 14 天前通知承包人。总监理工程师短期离开施工场地的，应委派代表代行其职责，并通知承包人。

（1）监理人接受发包人委托的工程监理后，应组建现场监理机构，并在发布开工通知前进驻工地，及时开展监理工作。监理机构由总监理工程师和监理人员组成，总监理工程师是监理人派驻工地履行监理人职责的全权负责人。

（2）总监理工程师主持现场监理机构的日常工作，履行本合同约定的职责。

（3）总监理工程师由监理人任命，并在发出开工通知前由发包人通知承包人。

（4）监理人更换总监理工程师须经发包人同意，并应及时通知承包人，总监理工程师短期离开工地（如休假或回派出单位办事或参加其他活动等）应派代表代行其职，并通知承包人。

（5）总监理工程师可以授权现场监理人员行使其某项权力，取得授权的现场监理人员发出的指示与总监理工程师的指示有同等效力。

3.3 监理人员

3.3.1 总监理工程师可以授权其他监理人员负责执行其指派的一项或多项监理工作。总监理工程师应将被授权监理人员的姓名及其授权范围通知承包人。被授权的监理人员在授权范围内发出的指示视为已得到总监理工程师的同意，与总监理工程师发出的指示具有同等效力。总监理工程师撤销某项授权时，应将撤销授权的决定及时通知承包人。

3.3.2 监理人员对承包人的任何工作、工程或其采用的材料和工程设备未在约定的或合理的期限内提出否定意见的，视为已获批准，但不影响监理人在以后拒绝该项工作、工程、材料或工程设备的权利。

3.3.3 承包人对总监理工程师授权的监理人员发出的指示有疑问的，可向总监理工程师提出书面异议，总监理工程师应在 48 小时内对该指示予以确认、更改或撤销。

3.3.4 除专用合同条款另有约定外，总监理工程师不应将第 3.5 款约定应由总监理工程师作出确定的权力授权或委托给其他监理人员。

（1）第 3.3.1 项规定总监理工程师可以授权或撤销其他监理人员权力，并应告知承包人，被授权的监理人员在授权范围内行使其权力与总监理工程师行使权力具有同等效力。

（2）第 3.3.2 项规定了监理人员没有在约定的（或合理的）期限内，对承包人的任何工作、工程或其采用的材料和工程设备提出否定意见的，视为已得到监理人的批准，承包人可以着手后续工作，但监理人员仍可在事后检查并拒绝该项工作、工程或其采用的材料和工程设备。

（3）第 3.3.3 项规定了承包人对监理人员发出指示的质疑权，并对总监理工程师的答复义务作出规定。

（4）第 3.3.4 项对总监理工程师授权范围作了限制，除专用合同条款另有约定外，本合同条款第 3.5 款中的确定权不能授权或委托给其他监理人员。

3.4 监理人的指示

3.4.1 监理人应按第 3.1 款的约定向承包人发出指示，监理人的指示应盖有监理人授权的施工场地机构章，并由总监理工程师或总监理工程师按第 3.3.1 项约定授权的监理人员签字。

3.4.2 承包人收到监理人按第 3.4.1 项作出的指示后应遵照执行。指示构成变更的，应按第 15 条处理。

3.4.3 在紧急情况下，总监理工程师或被授权的监理人员可以当场签发临时书面指示，承包人应遵照执行。承包人应在收到上述临时书面指示后 24 小时内，向监理人发出书面确认函。监理人在收到书面确认函后 24 小时内未予答复的，该书面确认函应被视为监理人的正式指示。

3.4.4 除合同另有约定外，承包人只从总监理工程师或按第 3.3.1 项被授权的监理人员处取得指示。

3.4.5 由于监理人未能按合同约定发出指示、指示延误或指示错误而导致承包人费用增加和（或）工期延误的，由发包人承担赔偿责任。

（1）监理人发出的指示是合同管理的重要文件，本款规定了监理人发出指示的形式、程序及相关责任。

（2）第 3.4.1 项要求发出的所有书面指示均应由总监理工程师或其授权的监理人员签名，并同时加盖现场监理机构的公章。

（3）第 3.4.2 项约定承包人执行监理人指示的义务。构成变更的，按本合同条款规定的变更程序处理。

（4）第 3.4.3 项约定，在紧急情况下，总监理工程师或其授权的监理人员可以当场发出指示，但承包人应在规定时间内要求监理人书面确认。监理人在规定时间内未答复的，视同确认。

（5）第 3.4.4 项约定，合同管理中，承包人从总监理工程师或其授权的监理人员处获得指示。如某些指示需要由发包人直接发出的，发包人需要在专用合同条款中明确。尽管如此，为保证合同管理中沟通管道的畅通和清晰，不提倡发包人直接发出指示。

（6）第 3.4.5 项约定，由于监理人过失导致承包人费用增加和（或）工期延误的，由发包人承担责任。

3.5 商定或确定

3.5.1 合同约定总监理工程师应按照本款对任何事项进行商定或确定时，总监理工程师应与合同当事人协商，尽量达成一致。不能达成一致的，总监理工程师应认真研究后审慎确定。

3.5.2 总监理工程师应将商定或确定的事项通知合同当事人，并附详细依据。对总监理工程师的确定有异议的，构成争议，按照第 24 条的约定处理。在争议解决前，双方应暂按总监理工程师的确定执行，按照第 24 条的约定对总监理工程师的确定作出修改的，按修改后的结果执行。

（1）总监理工程师应与合同双方经常通过协商处理好各项合同事宜，及时解决合同纠纷，提高合同管理效能。本款规定了总监理工程师在合同管理中对任何事项的商定或确定权。

（2）第 3.5.1 项规定总监理工程师对任何事项进行商定或确定时，应与合同当事人协商，尽量达成一致。不能达成一致的，总监理工程师应审慎确定。本合同条款中需要总监理工程师商定或确定的事项较多，如第 15 条的变更、第 16 条价格调整、第 21 条不可抗力、第 23 条索赔等。

（3）为了在合同条款中体现公平原则，第 3.5.2 项规定对总监理工程师的确定有异议的，构成争议，可按照本合同条款第 24 条约定的争议解决条款处理。但为提高合同执行的效率，本款第 3.5.2 项规定在争议解决前，双方应暂按总监理工程师的确定执行；按本合同争议解决程序对总监理工程师的确定作出修改的，按修改后的结果执行。

4. 承包人

4.1 承包人的一般义务

4.1.1 遵守法律

承包人在履行合同过程中应遵守法律，并保证发包人免于承担因承包人违反法律而引起的任何责任。

承包人应遵守法律、行政法规和部门规章，以及省级地方法规、自治条例、单行条例和地方政府规章。承包人在合同履行中应独立承担因其违反法律而引起的任何责任。

4.1.2 依法纳税

承包人应按有关法律规定纳税，应缴纳的税金包括在合同价格内。

承包人应按照税法等有关法律规定纳税，包括营业税、城建税、教育附加费、企业所得税、增值税等。为统一报价内容，本项约定承包人应缴纳的税金包含在合同价格内。

4.1.3 完成各项承包工作

承包人应按合同约定以及监理人根据第3.4款作出的指示，实施、完成全部工程，并修补工程中的任何缺陷。除专用合同条款另有约定外，承包人应提供为完成合同工作所需的劳务、材料、施工设备、工程设备和其他物品，并按合同约定负责临时设施的设计、建造、运行、维护、管理和拆除。

承包人应按合同协议书、合同条款、技术标准和要求、图纸、已标价工程量清单等合同文件约定及监理人指示，完成全部工程，并负责提供合同所需的劳务、材料、施工设备、工程设备和其他物品，以及临时设施的设计、建造、运行、维护、管理和拆除的责任。上述有关事项由发包人完成的，应在专用合同条款中约定。

4.1.4 对施工作业和施工方法的完备性负责

承包人应按合同约定的工作内容和施工进度要求，编制施工组织设计和施工措施计划，并对所有施工作业和施工方法的完备性和安全可靠性负责。

本项强调"对所有施工作业和施工方法的完备性和安全可靠性负责"，是要求承包人按国家法律法规，以及合同协议书、合同条款、技术标准和要求、图纸、已标价工程量清单等合同文件约定，通过详细编制并圆满实施经批准的施工组织设计和措施计划，确保建设工程能满足合同约定的质量标准和国家安全法规的要求。承包人对所有施工作业和施工方法的完备性和安全可靠性负有全部责任，表明对合同没有约定的具体施工作业和施工方法，承包人也要对其完备性和安全可靠性负责。

4.1.5 保证工程施工和人员的安全

承包人应按第9.2款约定采取施工安全措施，确保工程及其人员、材料、设备和设施的安全，防止因工程施工造成的人身伤害和财产损失。

《建设工程安全生产管理条例》第21条规定，施工单位主要负责人依法对本单位的安全生产工作全面负责。本项据此约定，承包人应采取切实的施工安全措施，确保工程及其人员、材料、设备和设施的安全。

4.1.6 负责施工场地及其周边环境与生态的保护工作

承包人应按照第9.4款约定负责施工场地及其周边环境与生态的保护工作。

承包人应遵守有关环境与生态保护法律、法规的规定。

4.1.7 避免施工对公众与他人的利益造成损害

承包人在进行合同约定的各项工作时，不得侵害发包人与他人使用公用道路、水源、市政管网等公共设施的权利，避免对邻近的公共设施产生干扰。承包人占用或使用他人的施工场地，影响他人作业或生活的，应承担相应责任。

承包人在进行合同约定的各项工作时，应采取措施避免干扰和损害邻近的公共设施，不侵害他人使用公共设施的权利。

4.1.8　为他人提供方便

承包人应按监理人的指示为他人在施工场地或附近实施与工程有关的其他各项工作提供可能的条件。除合同另有约定外，提供有关条件的内容和可能发生的费用，由监理人按第3.5款商定或确定。

大中型工程的施工往往分为若干标段，各标段承包人在同一时段和相邻场地进行施工时，在使用施工用地、道路和公用设施等方面需要相互提供方便。承包人应按监理人指示，为其他人工作提供可能的条件，承包人提供有关条件的内容和由此发生的费用，由监理人按第3.5款的约定商定或确定。如果相关费用已经包含在签约合同价中，则无需商定或确定。

4.1.9　工程的维护和照管

工程接收证书颁发前，承包人应负责照管和维护工程。工程接收证书颁发时尚有部分未竣工工程的，承包人还应负责该未竣工工程的照管和维护工作，直至竣工后移交给发包人为止。

本项有关约定应与合同条款第18.2款、第18.7款、第18.8款结合起来解读，其中，"尚有部分未竣工工程"就是第18.2款约定的"尾工（甩项）工程"。

4.1.10　其他义务

承包人应履行合同约定的其他义务。

本款没有穷尽承包人的义务，合同协议书、合同条款、技术标准和要求、图纸、已标价工程量清单等合同文件对承包人的义务还有约定的，承包人应履行。

4.2　履约担保

承包人应保证其履约担保在发包人颁发工程接收证书前一直有效。发包人应在工程接收证书颁发后28天内把履约担保退还给承包人。

（1）《招标投标法》第46条规定，招标文件要求中标人提交履约保证金的，中标人应当提交。据此，本款规定承包人应保证其履约担保在发包人颁发工程接收证书前一直有效。为保护承包人利益，本款规定发包人应在工程接收证书颁发后28天内把履约担保退还给承包人。需要注意的是，根据合同条款第18.3款的约定，即使发包人退还了履约担保，本合同并没有履行完毕。

（2）履约担保应在合同签订前由承包人提交给发包人，履约担保的格式见合同附件。

（3）履约担保金额用以补偿发包人因承包人违约遭受的损失，其担保额度可视项目合同的具体情况约定，通常情况下为签约合同价的5%~10%，给发包人造成的损失超过履约担保金额的，承包人还应承担赔偿责任。

4.3　分包

4.3.1　承包人不得将其承包的全部工程转包给第三人，或将其承包的全部工程肢解后以分包的名义转包给第三人。

4.3.2　承包人不得将工程主体、关键性工作分包给第三人。除专用合同条款另有约定外，未经发包人同意，承包人不得将工程的其他部分或工作分包给第三人。

4.3.3　分包人的资格能力应与其分包工程的标准和规模相适应。

4.3.4　按投标函附录约定分包工程的，承包人应向发包人和监理人提交分包合同副本。

4.3.5　承包人应与分包人就分包工程向发包人承担连带责任。

（1）本款规定了承包人分包的限制及责任承担。有关行业主管部门对专业分包、劳务分包的相关规定可在专用合同条款中进一步约定。

（2）《合同法》第 272 条规定，承包人不得将其承包的全部建设工程转包给第三人或将其承包的全部建设工程肢解以后，以分包的名义分别转包给第三人。《招标投标法》第 48 条规定，中标人不得向他人转让中标项目，也不得将中标项目肢解后分别向他人转让。据此，第 4.3.1 项约定禁止承包人将其承包的全部工程转包及将全部工程肢解后以分包的名义转包给第三人。

（3）《合同法》第 272 条规定，建设工程主体结构的施工必须由承包人自行完成。《招标投标法》第 48 条规定，中标人按照合同约定或者经招标人同意，可以将中标项目的部分非主体、非关键性工作分包给他人完成。据此，第 4.3.2 项约定禁止承包人将工程主体、关键性工作分包给第三人；合同履行过程中，经发包人同意，承包人也可将工程的其他非主体、非关键性工作分包给第三人。

（4）《合同法》第 272 条规定，禁止承包人将工程分包给不具有相应资质条件的单位。《招标投标法》第 48 条规定，接受分包的人应当具备相应的资格条件，并不得再次分包。据此，第 4.3.3 项约定分包人的资格能力应与其分包工程的标准和规模相适应。

（5）因合同管理需要，第 4.3.4 项约定承包人应向发包人和监理人提交分包合同副本，监理人还可要求承包人提交有关分包人的具体资料，以便于监理人履行监管职责。

（6）《合同法》第 272 条规定，分包人就其完成的工作成果与承包人向发包人承担连带责任。《招标投标法》第 48 条规定，中标人应当就分包项目向招标人负责，接受分包的人就分包项目承担连带责任。据此，第 4.3.5 项约定承包人应与分包人就分包工程向发包人承担连带责任。

4.4　联合体

4.4.1　联合体各方应共同与发包人签订合同协议书。联合体各方应为履行合同承担连带责任。

4.4.2　联合体协议经发包人确认后作为合同附件。在履行合同过程中，未经发包人同意，不得修改联合体协议。

4.4.3　联合体牵头人负责与发包人和监理人联系，并接受指示，负责组织联合体各成员全面履行合同。

（1）合同条款规定的承包人权利、义务和责任，适用于联合体承包人。《招标投标法》第 31 条规定，联合体各方应当签订共同投标协议。联合体中标的，联合体各方就中标项目向招标人承担连带责任。

（2）第 4.4.1 项约定联合体各方应共同与发包人签订合同协议书，各方为履行合同承担连带责任。

（3）第 4.4.2 项约定了联合体协议书的效力，经确认的联合体协议书作为合同附件，具有合同约束力。联合体协议的修改不得违反有关法律的规定。

（4）第 4.4.3 项约定联合体牵头人的职责。

4.5 承包人项目经理

4.5.1 承包人应按合同约定指派项目经理，并在约定的期限内到职。承包人更换项目经理应事先征得发包人同意，并应在更换 14 天前通知发包人和监理人。承包人项目经理短期离开施工场地，应事先征得监理人同意，并委派代表代行其职责。

4.5.2 承包人项目经理应按合同约定以及监理人按第 3.4 款作出的指示，负责组织合同工程的实施。在情况紧急且无法与监理人取得联系时，可采取保证工程和人员生命财产安全的紧急措施，并在采取措施后 24 小时内向监理人提交书面报告。

4.5.3 承包人为履行合同发出的一切函件均应盖有承包人授权的施工场地管理机构章，并由承包人项目经理或其授权代表签字。

4.5.4 承包人项目经理可以授权其下属人员履行其某项职责，但事先应将这些人员的姓名和授权范围通知监理人。

（1）本款约定了承包人项目经理的职责和权力。项目经理作为承包人派驻施工场地的全权负责人，其（或其授权的代表）从监理人处接收的任何指示，均视为承包人已接收。

（2）第 4.5.1 项明确项目经理由承包人按照合同协议书约定指派并在约定期限内到职。为了保证工程顺利施工，承包人更换项目经理应事先征得发包人同意，项目经理短期离开施工场地，也应事先征得监理人同意，并委派代表代行其职责。

（3）第 4.5.2 项约定了项目经理的具体职责，即按合同约定和监理人指示，组织实施合同。在情况紧急且无法与监理人取得联系时，可采取保证工程和人员生命财产安全的紧急措施，并及时向监理人提交书面报告。

（4）第 4.5.3 项约定承包人发出的函件必须由项目经理或其授权代表签字，并加盖施工场地管理机构章。

（5）第 4.5.4 项约定项目经理可以授权其下属人员代行其某项职责，但应事先告知监理人。被授权的下属人员在授权范围内履行职责视为已得到项目经理的同意，与项目经理履行职责具有同等效力。项目经理撤销某项授权时，应将撤销授权的决定及时通知监理人。

4.6 承包人人员的管理

4.6.1 承包人应在接到开工通知后 28 天内，向监理人提交承包人在施工场地的管理机构以及人员安排的报告，其内容应包括管理机构的设置、各主要岗位的技术和管理人员名单及其资格，以及各工种技术工人的安排状况。承包人应向监理人提交施工场地人员变动情况的报告。

4.6.2 为完成合同约定的各项工作，承包人应向施工场地派遣或雇佣足够数量的下列人员：

（1）具有相应资格的专业技工和合格的普工；

（2）具有相应施工经验的技术人员；

（3）具有相应岗位资格的各级管理人员。

4.6.3 承包人安排在施工场地的主要管理人员和技术骨干应相对稳定。承包人更换主要管理人员和技术骨干时，应取得监理人的同意。

4.6.4 特殊岗位的工作人员均应持有相应的资格证明，监理人有权随时检查。监理人认为有必要时，可进行现场考核。

（1）本款约定了对承包人人员的管理。在有分包合同的情况下，分包人为完成分包工作而雇佣的人员，也视为承包人人员，并遵守第 4.8 款的有关约定。

（2）《建设工程安全生产管理条例》第 25 条规定，特种作业人员，必须按照国家有关规定经过专门的安全作业培训，并取得特种作业操作资格证书后，方可上岗作业。监理人有权随时检查承包人人员的资格证书，必要时可进行考核。

（3）为保证顺利施工，承包人安排在施工场地的主要管理人员和专业技术骨干应相对稳定，上述人员如需调动，应用同等资格和类似经历的人员替换，并应取得监理人同意。

4.7 撤换承包人项目经理和其他人员

承包人应对其项目经理和其他人员进行有效管理。监理人要求撤换不能胜任本职工作、行为不端或玩忽职守的承包人项目经理和其他人员的，承包人应予以撤换。

本款约定监理人可以要求承包人撤换其不合格的人员，承包人应及时予以撤换，但考虑到施工人员相对稳定有利于工程的顺利进行，监理人应慎重考虑，仔细分析项目经理和其他承包人人员过失的性质和危害程度，宜先提出警告，警告无效时才由监理人向承包人发出撤换人员的书面通知。

4.8 保障承包人人员的合法权益

4.8.1 承包人应与其雇佣的人员签订劳动合同，并按时发放工资。

《劳动法》第 16 条规定，建立劳动关系应当订立劳动合同。第 50 条规定，工资应当以货币形式按月支付给劳动者本人。不得克扣或者无故拖欠劳动者的工资。《劳动合同法》第

30条规定，用人单位应当按照劳动合同约定和国家规定，向劳动者及时足额支付劳动报酬。用人单位拖欠或者未足额支付劳动报酬的，劳动者可以依法向当地人民法院申请支付令，人民法院应当依法发出支付令。

4.8.2　承包人应按劳动法的规定安排工作时间，保证其雇佣人员享有休息和休假的权利。因工程施工的特殊需要占用休假日或延长工作时间的，应不超过法律规定的限度，并按法律规定给予补休或付酬。

本项依据《劳动法》以下规定编制：

第36条规定，国家实行劳动者每日工作时间不超过八小时、平均每周工作时间不超过四十四小时的工时制度。

第38条规定，用人单位应当保证劳动者每周至少休息一日。

第41条规定，用人单位由于生产经营需要，经与工会和劳动者协商后可以延长工作时间，一般每日不得超过一小时；因特殊原因需要延长工作时间的，在保障劳动者身体健康的条件下延长工作时间每日不得超过三小时，但是每月不得超过三十六小时。

第44条规定，有下列情形之一的，用人单位应当按照下列标准支付高于劳动者正常工作时间工资的工资报酬：（1）安排劳动者延长工作时间的，支付不低于工资的百分之一百五十的工资报酬；（2）休息日安排劳动者工作又不能安排补休的，支付不低于工资的百分之二百的工资报酬；（3）法定休假日安排劳动者工作的，支付不低于工资的百分之三百的工资报酬。

第51条规定，劳动者在法定休假日和婚丧假期间以及依法参加社会活动期间，用人单位应当依法支付工资。

4.8.3　承包人应为其雇佣人员提供必要的食宿条件，以及符合环境保护和卫生要求的生活环境，在远离城镇的施工场地，还应配备必要的伤病防治和急救的医务人员与医疗设施。

本项依据《劳动法》、《建设工程安全生产管理条例》以下规定编制：

《劳动法》第52条规定，用人单位必须建立、健全劳动安全卫生制度，严格执行国家劳动安全卫生规程和标准，对劳动者进行劳动安全卫生教育，防止劳动过程中的事故，减少职业危害。

《劳动法》第53条规定，劳动安全卫生设施必须符合国家规定的标准。

《劳动法》第54条规定，用人单位必须为劳动者提供符合国家规定的劳动安全卫生条件和必要的劳动防护用品，对从事有职业危害作业的劳动者应当定期进行健康检查。

《建设工程安全生产管理条例》第29条规定，施工单位应当将施工现场的办公、生活区与作业区分开设置，并保持安全距离；办公、生活区的选址应当符合安全性要求。职工的膳食、饮水、休息场所等应当符合卫生标准。施工单位不得在尚未竣工的建筑物内设置员工集体宿舍。施工现场临时搭建的建筑物应当符合安全使用要求。施工现场使用的装配式活动房屋应当具有产品合格证。

4.8.4　承包人应按国家有关劳动保护的规定，采取有效的防止粉尘、降低噪声、控制有害气体和保障高温、高寒、高空作业安全等劳动保护措施。其雇佣人员在施工中受到伤害的，承包人应立即采取有效措施进行抢救和治疗。

本项依据《劳动法》以下规定编制：

第 52 条规定，用人单位必须建立、健全劳动安全卫生制度，严格执行国家劳动安全卫生规程和标准，对劳动者进行劳动安全卫生教育，防止劳动过程中的事故，减少职业危害。

第 53 条规定，劳动安全卫生设施必须符合国家规定的标准。

第 54 条规定，用人单位必须为劳动者提供符合国家规定的劳动安全卫生条件和必要的劳动防护用品，对从事有职业危害作业的劳动者应当定期进行健康检查。

4.8.5　承包人应按有关法律规定和合同约定，为其雇佣人员办理保险。

本项内容在第 20 条中有进一步约定。

4.8.6　承包人应负责处理其雇佣人员因工伤亡事故的善后事宜。

本项依据《工伤保险条例》第 4 条关于职工发生工伤时，用人单位应当采取措施使工伤职工得到及时救治的规定编制。

4.9　工程价款应专款专用

发包人按合同约定支付给承包人的各项价款应专用于合同工程。

工程价款专款专用是保证工程顺利进行的重要条件。工程价款专款专用涉及预付款、工程进度付款等条款的约定。承包人应严格按本款规定切实做到工程价款专用于本合同工程。实践中，通过设立专用账户来实现专款专用。

4.10　承包人现场查勘

4.10.1　发包人应将其持有的现场地质勘探资料、水文气象资料提供给承包人，并对其准确性负责。但承包人应对其阅读上述有关资料后所作出的解释和推断负责。

本项强调承包人应对现场地质资料、水文气象有关资料的解释或推论负责。

《建设工程质量管理条例》第 9 条规定，建设单位必须向施工单位提供与建设工程有关的原始资料。原始资料必须真实、准确、齐全。《建设工程安全生产管理条例》第 6 条规定，建设单位应当向施工单位提供施工现场及毗邻区域内供水、排水、供电、供气、供热、通信、广播电视等地下管线资料，气象和水文观测资料，相邻建筑物和构筑物、地下工程的有关资料，并保证资料的真实、准确、完整。

4.10.2　承包人应对施工场地和周围环境进行查勘，并收集有关地质、水文、气象条件、交通条件、风俗习惯以及其他为完成合同工作有关的当地资料。在全部合同工作中，应视为承包人已充分估计了应承担的责任和风险。

承包人应从第 4.1.4 项约定的“保证施工作业和施工方法的完备性和安全可靠性”的工

程施工目标出发，认真对施工场地和周围环境进行查勘，并收集上述为完成合同工作有关的当地资料。承包人不能因发包人在招投标阶段提供的上述当地资料的某些不足而推卸自己按本项约定应承担的责任和风险。

4.11 不利物质条件

4.11.1 不利物质条件，除专用合同条款另有约定外，是指承包人在施工场地遇到的不可预见的自然物质条件、非自然的物质障碍和污染物，包括地下和水文条件，但不包括气候条件。

4.11.2 承包人遇到不利物质条件时，应采取适应不利物质条件的合理措施继续施工，并及时通知监理人。监理人应当及时发出指示，指示构成变更的，按第 15 条约定办理。监理人没有发出指示的，承包人因采取合理措施而增加的费用和（或）工期延误，由发包人承担。

（1）第 4.11.1 项对不利物质条件进行了界定，如不利地质条件、地下已存在的但未探明的非自然物质障碍和污染物等，包括地下和水文条件，但不包括气候条件和不可抗力。在实践中，不同行业、专业对恶劣气象条件引起冰冻、洪水、塌方、长时间的水浸等，在定义为不可抗力还是不利物质条件方面存在不同理解。因此，本合同条款第 4.11 款、第 21.1.1 项均留出空间，由专用合同条款进一步明确。

（2）第 4.11.2 项约定，当出现不利物质条件时，承包人应采取合理措施继续施工，并告知监理人，监理人应当及时发出指示，指示构成变更的，按第 15 条约定办理。监理人没有发出指示的，承包人因采取合理措施而增加的费用和（或）工期延误，由发包人承担。当监理人发出的指示不构成变更时，承包人因采取合理措施而增加的费用和（或）工期延误，也应由发包人承担。

5. 材料和工程设备

5.1 承包人提供的材料和工程设备

5.1.1 除专用合同条款另有约定外，承包人提供的材料和工程设备均由承包人负责采购、运输和保管。承包人应对其采购的材料和工程设备负责。

5.1.2 承包人应按专用合同条款的约定，将各项材料和工程设备的供货人及品种、规格、数量和供货时间等报送监理人审批。承包人应向监理人提交其负责提供的材料和工程设备的质量证明文件，并满足合同约定的质量标准。

5.1.3 对承包人提供的材料和工程设备，承包人应会同监理人进行检验和交货验收，查验材料合格证明和产品合格证书，并按合同约定和监理人指示，进行材料的抽样检验和工程设备的检验测试，检验和测试结果应提交监理人，所需费用由承包人承担。

由承包人采购材料和工程设备的，合同双方的责任界限比较清晰，因货源质量、供应数量、运输安全、仓储保管等环节问题所引起的工程质量事故或施工进度延误，均应由承包人负责。若工程采用承包人直接采购的模式，发包人可采取以下措施，加强对材料和工程施工的全面质量控制：

（1）发包人和监理人监督承包人健全其施工全过程的质量自检制度；承包人按监理人的指示，做好材料和工程质量检查的同期记录；发包人和监理人严格做好隐蔽工程和工程隐蔽部位的验收；

（2）建立材料和工程的质量检查、检验和验收制度。加强监理人对材料采购进货、运输、储存的检查和现场施工用材的全过程监控。

（3）承包人负责采购的材料和工程设备，一经与供货人签订供货协议，应将协议副本提交给监理人，使监理人及时了解承包人订货情况是否满足工程需要，供货协议还可作为价格调整的参考。

（4）承包人提供的材料和工程设备只有经检验合格后才能用于工程施工。依据《建设工程质量管理条例》第 37 条规定，未经监理工程师签字，建筑材料、建筑构配件和设备不得在工程上使用或者安装，施工单位不得进行下一道工序的施工。

5.2 发包人提供的材料和工程设备

5.2.1 发包人提供的材料和工程设备，应在专用合同条款中写明材料和工程设备的名称、规格、数量、价格、交货方式、交货地点和计划交货日期等。

5.2.2 承包人应根据合同进度计划的安排，向监理人报送要求发包人交货的日期计划。发包人应按照监理人与合同双方当事人商定的交货日期，向承包人提交材料和工程设备。

5.2.3 发包人应在材料和工程设备到货 7 天前通知承包人，承包人应会同监理人在约定的时间内，赴交货地点共同进行验收。除专用合同条款另有约定外，发包人提供的材料和工程设备验收后，由承包人负责接收、运输和保管。

5.2.4 发包人要求向承包人提前交货的，承包人不得拒绝，但发包人应承担承包人由此增加的费用。

5.2.5 承包人要求更改交货日期或地点的，应事先报请监理人批准。由于承包人要求更改交货时间或地点所增加的费用和（或）工期延误由承包人承担。

5.2.6 发包人提供的材料和工程设备的规格、数量或质量不符合合同要求，或由于发包人原因发生交货日期延误及交货地点变更等情况的，发包人应承担由此增加的费用和（或）工期延误，并向承包人支付合理利润。

（1）本款约定了发包人提供材料和工程设备的程序，可在专用合同条款中对具体的交货时间、检验地点、时间、人员、交货批次、满足进度计划情况等内容进行补充和细化。

（2）发包人提供的材料和工程设备，应由发包人对供货的货源质量承担全部责任；在履行合同过程中，若由于供货厂家的责任，不能按时交货，延误了承包人施工进度的，亦应由发包人承担相应责任。

5.3 材料和工程设备专用于合同工程

5.3.1 运入施工场地的材料、工程设备，包括备品备件、安装专用工器具与随机资料，必须专用于合同工程，未经监理人同意，承包人不得运出施工场地或挪作他用。

5.3.2 随同工程设备运入施工场地的备品备件、专用工器具与随机资料，应由承包人会同监理人按供货人的装箱单清点后共同封存，未经监理人同意不得启用。承包人因合同工作需要使用上述物品时，应向监理人提出申请。

（1）运入工地的材料和工程设备，不论发包人是否支付过价款，均应被认为专供本工程使用。为保证合同顺利履行，未经监理人同意，不得运出工地或挪作他用。

（2）随同工程设备运入工地的备品备件、专用工器具和随机资料是设备安装和运行不可缺少的物品，应妥善保管，以防丢失。承包人因安装和试运行工作需要，使用上述物品时，应向监理人提出申请。

5.4 禁止使用不合格的材料和工程设备

5.4.1 监理人有权拒绝承包人提供的不合格材料或工程设备，并要求承包人立即进行更换。监理人应在更换后再次进行检查和检验，由此增加的费用和（或）工期延误由承包人承担。

5.4.2 监理人发现承包人使用了不合格的材料和工程设备，应即时发出指示要求承包人立即改正，并禁止在工程中继续使用不合格的材料和工程设备。

5.4.3 发包人提供的材料或工程设备不符合合同要求的，承包人有权拒绝，并可要求发包人更换，由此增加的费用和（或）工期延误由发包人承担。

（1）依据《建设工程质量管理条例》第 29 条规定，施工单位必须按照工程设计要求、施工技术标准和合同约定，对建筑材料、建筑构配件、设备和商品混凝土进行检验。未经检验或者检验不合格的，不得使用。据此，监理人在检查中发现承包人使用了不合格的材料或工程设备，可以指示承包人更换，指示中可规定一个合理期限。若承包人拒绝更换不合格的材料或工程设备，应按第 22.1 款承包人违约处理。

（2）依据《建设工程质量管理条例》第 14 条规定，按照合同约定，由建设单位采购建筑材料、建筑构配件、设备的，建设单位应当保证建筑材料、建筑构配件、设备符合设计文件和合同要求。《合同法》第 283 条规定，发包人未按约定的时间和要求，提供原材料、设备、场地、资金、技术资料的，承包人可以顺延工程日期，并有权要求赔偿停工、窝工等损失。据此，若不合格的材料和工程设备是由发包人提供的，应由发包人负责更换，并承担由此增加的费用和（或）工期延误责任。

6. 施工设备和临时设施

6.1 承包人提供的施工设备和临时设施

6.1.1 承包人应按合同进度计划的要求，及时配置施工设备和修建临时设施。进入施工场地的承包人设备需经监理人核查后才能投入使用。承包人更换合同约定的承包人设备的，应报监理人批准。

6.1.2 除专用合同条款另有约定外，承包人应自行承担修建临时设施的费用，需要临时占地的，应由发包人办理申请手续并承担相应费用。

（1）承包人在投标时一般均应提交拟投入本合同工作的主要施工设备表和修建临时设施的项目内容和进度计划，并承诺主要施工设备进场和修建临时设施的时间。在签订合同协议书时经发包人认可后可列入合同文件，开工后承包人应照此执行，若需变更应经监理人批准。

（2）为了保证进场设备的可靠性，进场前必须经过监理人核查。

（3）可能在专用合同条款中另行约定的内容有：由发包人提供临时设施、由承包人承担办理临时占地申请手续、由承包人承担办理临时占地申请手续的费用。

6.2 发包人提供的施工设备和临时设施

发包人提供的施工设备或临时设施在专用合同条款中约定。

发包人可利用自有设备或购置新设备或自建临时设施租赁给承包人或免费提供给承包人使用，此时应在专用合同条款中约定这些施工设备和临时设施出租或免费提供的办法。承包人也可根据自身需要，在投标文件中提出租用哪些施工设备和临时设施。

6.3 要求承包人增加或更换施工设备

承包人使用的施工设备不能满足合同进度计划和（或）质量要求时，监理人有权要求承包人增加或更换施工设备，承包人应及时增加或更换，由此增加的费用和（或）工期延误由承包人承担。

在履行合同过程中，承包人配备的施工设备数量不足或不适用，影响了工程的进度或质量，监理人可指示承包人及时增加或更换施工设备，以赶上施工进度和保证工程质量，并承担相应费用和（或）工期延误责任。

6.4 施工设备和临时设施专用于合同工程

6.4.1 除合同另有约定外，运入施工场地的所有施工设备以及在施工场地建设的临时设施应专用于合同工程。未经监理人同意，不得将上述施工设备和临时设施中的任何部分运出施工场地或挪作他用。

6.4.2 经监理人同意，承包人可根据合同进度计划撤走闲置的施工设备。

施工设备和临时设施是专为本合同工程施工配备和修建的，即使这些设备和某些设施原属承包人所有，但为保证合同顺利履行，进入工地的施工设备和设施，未经监理人批准，不得将其运出工地或挪作他用。根据合同进度计划的安排，经监理人批准，承包人可以撤走在完工前不再使用的闲置施工设备。

7. 交通运输

7.1 道路通行权和场外设施

除专用合同条款另有约定外，发包人应根据合同工程的施工需要，负责办理取得出入施工场地的专用和临时道路的通行权，以及取得为工程建设所需修建场外设施的权利，并承担有关费用。承包人应协助发包人办理上述手续。

当前多数工程采取一个工程项目分成多个合同，针对这一具体情况，有利的做法是由发包人统一与当地行政管理部门联系，为各项目承包人办理工程需要取得的道路通行权和场外设施使用权。若约定由承包人办理相关手续，需在专用合同条款中约定，包括发包人和各承包人如何分工修建或改建出入施工场地的专用和临时道路，以及可能需要的场外设施等。

7.2 场内施工道路

7.2.1 除专用合同条款另有约定外，承包人应负责修建、维修、养护和管理施工所需的临时道路和交通设施，包括维修、养护和管理发包人提供的道路和交通设施，并承担相应费用。

7.2.2 除专用合同条款另有约定外，承包人修建的临时道路和交通设施应免费提供发包人和监理人使用。

实践中，属于公用的场内施工道路干线和交通设施，常由发包人负责修建后提供给有关承包人共用，并明确维护和管理责任，此时需在专用合同条款中约定，各承包人如何分工维护和管理公用的场内施工道路干线和交通设施。非公用的场内施工道路干线和交通设施，通常由承包人负责修建、维护和管理。

7.3 场外交通

7.3.1 承包人车辆外出行驶所需的场外公共道路的通行费、养路费和税款等由承包人承担。

7.3.2 承包人应遵守有关交通法规，严格按照道路和桥梁的限制荷重安全行驶，并服从交通管理部门的检查和监督。

《公路法》第50条规定，超过公路、公路桥梁、公路隧道或者汽车渡船的限载、限高、限宽、限长标准的车辆，不得在有限定标准的公路、公路桥梁上或者公路隧道内行驶，不得使用汽车渡船。

7.4 超大件和超重件的运输

由承包人负责运输的超大件或超重件，应由承包人负责向交通管理部门办理申请手续，发包人给予协助。运输超大件或超重件所需的道路和桥梁临时加固改造费用和其他有关费用，由承包人承担，但专用合同条款另有约定除外。

《公路法》第 50 条规定，超过公路或者公路桥梁限载标准确需行驶的，必须经县级以上地方人民政府交通主管部门批准，并按要求采取有效的防护措施；运载不可解体的超限物品的，应当按照指定的时间、路线、时速行驶，并悬挂明显标志。为了便于承包人在投标时准确报价，发包人在招标文件中通常应提供要求承包人运输的超大件和超重件的件数、尺寸和重量。

7.5 道路和桥梁的损坏责任

因承包人运输造成施工场地内外公共道路和桥梁损坏的，由承包人承担修复损坏的全部费用和可能引起的赔偿。

《民法通则》第 117 条规定，“……损坏国家的、集体的财产或者他人财产的，应当恢复原状或者折价赔偿。受害人因此遭受其他重大损失的，侵害人并应当赔偿损失”。为避免可能引起的赔偿责任，承包人应注意选择好运输路线和运输工具，采取限制和分配运输荷重及其他合理措施，防止道路和桥梁的损坏。

7.6 水路和航空运输

本条上述各款的内容适用于水路运输和航空运输，其中“道路”一词的涵义包括河道、航线、船闸、机场、码头、堤防以及水路或航空运输中其他相似结构物；“车辆”一词的涵义包括船舶和飞机等。

8. 测量放线

8.1 施工控制网

8.1.1 发包人应在专用合同条款约定的期限内，通过监理人向承包人提供测量基准点、基准线和水准点及其书面资料。除专用合同条款另有约定外，承包人应根据国家测绘基准、测绘系统和工程测量技术规范，按上述基准点（线）以及合同工程精度要求，测设施工控制网，并在专用合同条款约定的期限内，将施工控制网资料报送监理人审批。

8.1.2 承包人应负责管理施工控制网点。施工控制网点丢失或损坏的，承包人应及时修复。承包人应承担施工控制网点的管理与修复费用，并在工程竣工后将施工控制网点移交发包人。

（1）《建设工程质量管理条例》第 9 条规定，建设单位必须向施工单位提供与建设工程有关的原始资料。原始资料必须真实、准确、齐全。据此，应由发包人提供测量基准点、基准线和水准点及其书面资料。

（2）一般情况下，应由承包人根据监理人提供的测量基准点、基准线和水准点以及国家的工程测量技术规范和合同要求的工程精度，测设自己的施工控制网。特殊情况下，由发包人测设统一的施工控制网提供各承包人使用的，应在专用合同条款中另行约定。

（3）在整个施工过程中，承包人应负责管理施工控制网点，直至工程竣工后将施工控制网点及有关资料移交发包人。

8.2 施工测量

8.2.1 承包人应负责施工过程中的全部施工测量放线工作，并配置合格的人员、仪器、设备和其他物品。

8.2.2 监理人可以指示承包人进行抽样复测，当复测中发现错误或出现超过合同约定的误差时，承包人应按监理人指示进行修正或补测，并承担相应的复测费用。

承包人应负责施工过程中的全部施工测量放线工作，包括地形测量、放样测量、断面测量和验收测量等。监理人应按合同约定对承包人的测量数据和放样成果进行检查，必要时可进行抽样复测。如复测发现错误或出现超过合同约定的误差的，承包人应按监理人指示进行修正或补测，并承担相应的复测费用。

8.3 基准资料错误的责任

发包人应对其提供的测量基准点、基准线和水准点及其书面资料的真实性、准确性和完整性负责。发包人提供上述基准资料错误导致承包人测量放线工作的返工或造成工程损失的，发包人应当承担由此增加的费用和（或）工期延误，并向承包人支付合理利润。承包人发现发包人提供的上述基准资料存在明显错误或疏忽的，应及时通知监理人。

（1）本款约定了发包人对其提供的基准资料出现错误所应承担的责任，以及承包人发现错误的通知义务。

（2）发包人应保证其所提供的测量基准点、基准线和水准点等基础资料的准确性。根据《合同法》第113条规定，发包人提供的基准资料错误导致承包人测量放线工作的返工或造成工程损失的，在承担承包人费用、工期的同时，还应支付利润。

（3）本款约定当承包人发现发包人提供的基准资料存在明显错误或疏忽，应及时通知监理人，没有规定承包人需承担信息不反馈带来的损失赔偿责任。如果事后承包人据此提出索赔时，必须证明损失是由于基准资料的错误或疏忽造成的，并且这种错误或疏忽不易于识别。

（4）实践中，大型土木工程可在专用合同条款进一步约定复测的期限、复测的具体程序等，并约定发包人未按照要求提供基准资料的，承包人可顺延工期、要求赔偿停窝工损失。

8.4 监理人使用施工控制网

监理人需要使用施工控制网的，承包人应提供必要的协助，发包人不再为此支付费用。

9. 施工安全、治安保卫和环境保护

9.1 发包人的施工安全责任

9.1.1 发包人应按合同约定履行安全职责，授权监理人按合同约定的安全工作内容监督、检查承包人安全工作的实施，组织承包人和有关单位进行安全检查。

9.1.2 发包人应对其现场机构雇佣的全部人员的工伤事故承担责任，但由于承包人原因造成发包人人员工伤的，应由承包人承担责任。

9.1.3 发包人应负责赔偿以下各种情况造成的第三者人身伤亡和财产损失：

（1） 工程或工程的任何部分对土地的占用所造成的第三者财产损失；

（2） 由于发包人原因在施工场地及其毗邻地带造成的第三者人身伤亡和财产损失。

（1）《建设工程安全生产管理条例》第 4 条规定，建设单位必须遵守安全生产法律、法规的规定，保证建设工程安全生产，依法承担建设工程安全生产责任。据此，发包人应保证工程安全符合国家安全管理要求。为加强安全管理，发包人可根据合同的具体情况，组织一个由发包人和各项目承包人共同组成的安全生产委员会，统一管理和协调全工地的施工安全工作。

（2）发包人授权监理人承担监督、检查工程的安全工作，检查的主要目标是承包人的安全作业措施是否符合国家相关规定和合同的标准和要求。监理人的监督检查责任属于发包人安全责任的一部分，监理人的监督检查不减轻承包人应负的安全责任。

9.2 承包人的施工安全责任

9.2.1 承包人应按合同约定履行安全职责，执行监理人有关安全工作的指示，并在专用合同条款约定的期限内，按合同约定的安全工作内容，编制施工安全措施计划报送监理人审批。

9.2.2 承包人应加强施工作业安全管理，特别应加强易燃、易爆材料、火工器材、有毒与腐蚀性材料和其他危险品的管理，以及对爆破作业和地下工程施工等危险作业的管理。

9.2.3 承包人应严格按照国家安全标准制定施工安全操作规程，配备必要的安全生产和劳动保护设施，加强对承包人人员的安全教育，并发放安全工作手册和劳动保护用具。

9.2.4 承包人应按监理人的指示制定应对灾害的紧急预案，报送监理人审批。承包人还应按预案做好安全检查，配置必要的救助物资和器材，切实保护好有关人员的人身和财产安全。

9.2.5 合同约定的安全作业环境及安全施工措施所需费用应遵守有关规定，并包括在相关工作的合同价格中。因采取合同未约定的安全作业环境及安全施工措施增加的费用，由监理人按第 3.5 款商定或确定。

9.2.6 承包人应对其履行合同所雇佣的全部人员，包括分包人人员的工伤事故承担责任，但由于发包人原因造成承包人人员工伤事故的，应由发包人承担责任。

9.2.7 由于承包人原因在施工场地内及其毗邻地带造成的第三者人员伤亡和财产损失，由承包人负责赔偿。

（1）《建设工程安全生产管理条例》第4条规定，施工单位必须遵守安全生产法律、法规的规定，保证建设工程安全生产，依法承担建设工程安全生产责任。据此，承包人承担着保护全体承包人人员的生命财产安全，以及保障整个施工过程全部施工作业的安全责任。在合同文件中，除本款约定外，还可在技术标准和要求中详细约定对各种施工作业，特别是危险作业的安全标准和要求。

（2）承包人加强施工作业的安全管理工作，应该做到全员、全过程和全方位。安全保护和安全教育的对象应是包括临时雇佣人员在内的全体承包人人员及其随工家属；安全手册和劳动保护用具必须根据不同工种的需要发放给每位现场作业人员；施工作业的安全管理必须落实到从开始各工程项目的施工准备、按程序完成各工序的施工作业，直至质量检查和验收的全过程；承包人的施工安全职责应包括对各种灾害的预测预防、制定应对各种灾害的紧急预案、各种救助物资的准备、抢救队伍的组织、事故和灾害发生后的紧急抢救行动等全方位的施工安全工作。

（3）本款第9.2.5项的约定是为了落实工程的安全作业环境及安全施工措施费用应遵守的有关规定，以及有关费用的解决办法。

（4）本款第9.2.6项和第9.2.7项的约定是为了划清发包人和承包人就承包人雇佣人员（包括分包人人员）的工伤事故责任与第三者人员伤亡和财产损失的赔偿责任问题。

9.3 治安保卫

9.3.1 除合同另有约定外，发包人应与当地公安部门协商，在现场建立治安管理机构或联防组织，统一管理施工场地的治安保卫事项，履行合同工程的治安保卫职责。

9.3.2 发包人和承包人除应协助现场治安管理机构或联防组织维护施工场地的社会治安外，还应做好包括生活区在内的各自管辖区的治安保卫工作。

9.3.3 除合同另有约定外，发包人和承包人应在工程开工后，共同编制施工场地治安管理计划，并制定应对突发治安事件的紧急预案。在工程施工过程中，发生暴乱、爆炸等恐怖事件，以及群殴、械斗等群体性突发治安事件的，发包人和承包人应立即向当地政府报告。发包人和承包人应积极协助当地有关部门采取措施平息事态，防止事态扩大，尽量减少财产损失和避免人员伤亡。

（1）为了维持工地及其附近地区的社会秩序，保障工程施工的顺利进行，发包人可请公安部门在现场建立派出机构或与公安部门共同建立联防组织，维持社会秩序，保障国家和人民生命财产的安全。如由承包人与当地公安部门协商，在现场建立治安管理机构或联防组织的，应在专用合同条款中另行约定。发包人和承包人亦应建立专设的治安保卫部门，协助现场治安管理机构做好各自管辖区内的治安保卫工作。

（2）发包人和承包人双方应共同编制施工场地的治安管理计划和应对突发治安事件的紧急预案，并积极配合当地有关部门平息事态，尽量避免人员伤亡，减少财产损失。由承包人或发包人单独编制施工场地治安管理计划和突发治安事件紧急预案的，可在专用合同条款中约定。

9.4 环境保护

9.4.1 承包人在施工过程中，应遵守有关环境保护的法律，履行合同约定的环境保护义务，并对违反法律和合同约定义务所造成的环境破坏、人身伤害和财产损失负责。

9.4.2 承包人应按合同约定的环保工作内容，编制施工环保措施计划，报送监理人审批。

9.4.3 承包人应按照批准的施工环保措施计划有序地堆放和处理施工废弃物，避免对环境造成破坏。因承包人任意堆放或弃置施工废弃物造成妨碍公共交通、影响城镇居民生活、降低河流行洪能力、危及居民安全、破坏周边环境，或者影响其他承包人施工等后果的，承包人应承担责任。

9.4.4 承包人应按合同约定采取有效措施，对施工开挖的边坡及时进行支护，维护排水设施，并进行水土保护，避免因施工造成的地质灾害。

9.4.5 承包人应按国家饮用水管理标准定期对饮用水源进行监测，防止施工活动污染饮用水源。

9.4.6 承包人应按合同约定，加强对噪声、粉尘、废气、废水和废油的控制，努力降低噪声，控制粉尘和废气浓度，做好废水和废油的治理和排放。

依据《环境保护法》，本款规定了承包人环境保护的工作内容及其应承担的环境保护责任。发包人和承包人在进行工程项目建设时，应将遵守国家有关环境保护的法律、法规作为工程设计、施工，以及招标投标和履行合同的指导原则。在编制项目招标文件与合同文件时，可根据工程具体情况和有关法律、法规的规定，将本工程项目环境保护的实施标准、保护内容和具体措施详细规定在技术标准和要求内。

9.5 事故处理

工程施工过程中发生事故的，承包人应立即通知监理人，监理人应立即通知发包人。发包人和承包人应立即组织人员和设备进行紧急抢救和抢修，减少人员伤亡和财产损失，防止事故扩大，并保护事故现场。需要移动现场物品时，应作出标记和书面记录，妥善保管有关证据。发包人和承包人应按国家有关规定，及时如实地向有关部门报告事故发生的情况，以及正在采取的紧急措施等。

《工伤保险条例》第 4 条规定，职工发生工伤时，用人单位应当采取措施使工伤职工得到及时救治。《建设工程安全生产管理条例》第 51 条规定，发生生产安全事故后，施工单位应当采取措施防止事故扩大，保护事故现场。需要移动现场物品时，应当做出标记和书面记录，妥善保管有关证物。除第 9.2.4 项约定应由承包人按监理人的指示制定防止灾害的紧急预案,以及第 9.3.3 项约定应由发包人和承包人共同制定应对突发事件的紧急预案外,当施工过程中发生事故时，还应要求发包人和承包人共同采取措施进行抢救，尽量减少人员伤亡和财产损失,并按有关规定妥善处理好事故。

10. 进度计划

10.1 合同进度计划

承包人应按专用合同条款约定的内容和期限，编制详细的施工进度计划和施工方案说明报送监理人。监理人应在专用合同条款约定的期限内批复或提出修改意见，否则该进度计划视为已得到批准。经监理人批准的施工进度计划称合同进度计划，是控制合同工程进度的依据。承包人还应根据合同进度计划，编制更为详细的分阶段或分项进度计划，报监理人审批。

（1）按期竣工是承包人的主要义务，也是监理人进行工程监理的主要内容之一，因此，本款要求承包人编制施工进度计划提交监理人审批，经监理人批准的施工进度计划称为合同进度计划，是控制工程进度的依据。

（2）合同签订后，发包人将在合同中要求承包人按投标阶段承诺的总进度计划关键线路目标，以及施工顺序和方法要点，向监理人提交更准确更详细的施工进度计划和施工方案，其具体内容和提交时限以及监理人批复时限均应在专用合同条款中约定。施工进度计划应满足第 11. 2 款约定日期要求。

（3）为了便于工程进度管理，可以要求承包人在合同进度计划的基础上编制分阶段和分项目的进度计划，特别是在合同进度计划关键线路上的单位工程或部分工程，并提交监理人审批。

10.2 合同进度计划的修订

不论何种原因造成工程的实际进度与第 10.1 款的合同进度计划不符时，承包人可以在专用合同条款约定的期限内向监理人提交修订合同进度计划的申请报告，并附有关措施和相关资料，报监理人审批；监理人也可以直接向承包人作出修订合同进度计划的指示，承包人应按该指示修订合同进度计划，报监理人审批。监理人应在专用合同条款约定的期限内批复。监理人在批复前应获得发包人同意。

（1）在履行合同过程中，如果承包人的实际完成情况落后于计划进度，一般情况下，监理人应要求承包人采取赶工措施抢回进度，保证工程按期竣工。

（2）如果采取赶工措施后仍不能按期竣工，应由承包人报送修订后的进度计划，经监理人批准并获得发包人同意后作为合同进度计划的补充文件。承包人报送修订合同进度计划的时限和监理人批复的时限应在专用合同条款中约定。

11. 开工和竣工

11.1 开工

11.1.1 监理人应在开工日期 7 天前向承包人发出开工通知。监理人在发出开工通知前应获得发包人同意。工期自监理人发出的开工通知中载明的开工日期起计算。承包人应在开工日期后尽快施工。

11.1.2 承包人应按第 10.1 款约定的合同进度计划，向监理人提交工程开工报审表，经监理人审批后执行。开工报审表应详细说明按合同进度计划正常施工所需的施工道路、临时设施、材料设备、施工人员等施工组织措施的落实情况以及工程的进度安排。

开工日期是计算合同工期的起算点。本款对开工和发出开工通知的日期予以明确，同时约定监理人发出开工通知前应获得发包人同意。

11.2 竣工

承包人应在第 1.1.4.3 目约定的期限内完成合同工程。实际竣工日期在接收证书中写明。

按期竣工是承包人的主要义务。实际竣工日期应经工程验收后确定，并在工程接收证书中写明，接收证书上的日期将作为衡量工期延误或提前的依据。

11.3 发包人的工期延误

在履行合同过程中，由于发包人的下列原因造成工期延误的，承包人有权要求发包人延长工期和（或）增加费用，并支付合理利润。需要修订合同进度计划的，按照第 10.2 款的约定办理。

（1）增加合同工作内容；

（2）改变合同中任何一项工作的质量要求或其他特性；

（3）发包人迟延提供材料、工程设备或变更交货地点的；

（4）因发包人原因导致的暂停施工；

（5）提供图纸延误；

（6）未按合同约定及时支付预付款、进度款；

（7）发包人造成工期延误的其他原因。

（1）本款明确因发包人原因造成工期延误的情况及处理办法。

（2）《合同法》第 283 条规定，发包人未按照约定时间和要求提供原材料、场地、资金、技术资料的，承包人可顺延工程日期，并有权要求赔偿停工、窝工损失。

（3）行业主管部门和招标人可在专用合同条款中对发包人造成工期延误的其他原因作进一步补充和明确。需要注意的是，改变合同中任何一项工作的质量要求或其他特性、变更交货地点等一般都会影响费用和利润，但并不一定影响工期。

11.4 异常恶劣的气候条件

由于出现专用合同条款约定的异常恶劣气候的条件导致工期延误的，承包人有权要求发包人延长工期。

异常恶劣气候条件的具体范围，由专用合同条款进一步明确。当出现异常恶劣的气候条件时，承包人有责任自行采取措施，避免和克服异常气候条件造成的损失，同时有权要求发包人延长工期。当发包人不同意延长工期时，可按第 11.3 款的约定支付为抢工增加的费用，但不包括利润。

11.5 承包人的工期延误

由于承包人原因，未能按合同进度计划完成工作，或监理人认为承包人施工进度不能满足合同工期要求的，承包人应采取措施加快进度，并承担加快进度所增加的费用。由于承包人原因造成工期延误，承包人应支付逾期竣工违约金。逾期竣工违约金的计算方法在专用合同条款中约定。承包人支付逾期竣工违约金，不免除承包人完成工程及修补缺陷的义务。

对于承包人的原因造成工期延误，即使采取了赶工措施（赶工费用应由承包人自己承担），但仍不能按合同规定的完工日期完工时，承包人还应支付逾期竣工违约金。具体数额可根据各行业具体情况，在专用合同条款中另行约定。

11.6 工期提前

发包人要求承包人提前竣工，或承包人提出提前竣工的建议能够给发包人带来效益的，应由监理人与承包人共同协商采取加快工程进度的措施和修订合同进度计划。发包人应承担承包人由此增加的费用，并向承包人支付专用合同条款约定的相应奖金。

本款明确工期提前的处理方法。施工中如发包人要求提前竣工，双方协商一致后应签订提前竣工协议，作为合同文件组成部分，并修订合同进度计划。提前竣工协议应包括承包人为保证工程质量和安全采取的措施、发包人为提前竣工提供的条件，以及提前竣工所需的追加合同价款等。提前竣工给发包人带来效益的，发包人应按专用合同条款的约定，向承包人支付相应奖金。实践中，如承包人因自身原因要求提前竣工的，应征得监理人和发包人的同意，并自行承担相应的费用。

12. 暂停施工

除了发生不可抗力事件或其他客观原因造成必要的暂停施工外，工程施工过程中，当一方违约使另一方受到严重损失的，受损方有权要求暂停施工（见第 22 条），其目的是减少工程损失和保护受损方的利益。但暂停施工将会影响工程进度，影响合同的正常履行，为此，合同双方都应尽量避免采取暂停施工的手段，而应通过协商，共同采取紧急措施，消除可能发生的暂停施工因素。

12.1 承包人暂停施工的责任

因下列暂停施工增加的费用和（或）工期延误由承包人承担：

（1）承包人违约引起的暂停施工；

（2）由于承包人原因为工程合理施工和安全保障所必需的暂停施工；

（3）承包人擅自暂停施工；

（4）承包人其他原因引起的暂停施工；

（5）专用合同条款约定由承包人承担的其他暂停施工。

本款明确由承包人承担暂停施工责任的情形。本款应与第22.1.1项和第22.1.2项结合理解。对于本款约定的暂停施工情形，承包人不仅无权提出索赔要求，而且应承担暂停施工造成的费用增加和（或）工期延误责任。

12.2 发包人暂停施工的责任

由于发包人原因引起的暂停施工造成工期延误的，承包人有权要求发包人延长工期和（或）增加费用，并支付合理利润。

本款明确由于发包人原因造成的暂停施工，承包人有权按第22.2款的约定提出索赔。

12.3 监理人暂停施工指示

12.3.1 监理人认为有必要时，可向承包人作出暂停施工的指示，承包人应按监理人指示暂停施工。不论由于何种原因引起的暂停施工，暂停施工期间承包人应负责妥善保护工程并提供安全保障。

12.3.2 由于发包人的原因发生暂停施工的紧急情况，且监理人未及时下达暂停施工指示的，承包人可先暂停施工，并及时向监理人提出暂停施工的书面请求。监理人应在接到书面请求后的24小时内予以答复，逾期未答复的，视为同意承包人的暂停施工请求。

本款明确监理人发出暂停施工指示的程序，以提高效率，避免纠纷。没有监理人的指示，承包人不能擅自暂停施工，但由于发包人责任引起暂停施工，而监理人又未及时下达暂停施工指示，承包人可书面要求暂停施工，若监理人未在约定的时间内答复，应视为承包人的要求已获同意。

不论由于何种原因引起的暂停施工，暂停施工期间，承包人均应负责保护好工程。

12.4 暂停施工后的复工

12.4.1 暂停施工后，监理人应与发包人和承包人协商，采取有效措施积极消除暂停施工的影响。当工程具备复工条件时，监理人应立即向承包人发出复工通知。承包人收到复工通知后，应在监理人指定的期限内复工。

12.4.2 承包人无故拖延和拒绝复工的，由此增加的费用和工期延误由承包人承担；因发包人原因无法按时复工的，承包人有权要求发包人延长工期和（或）增加费用，并支付合理利润。

暂停施工后，合同双方应协力解决因暂停施工出现的各种问题，监理人应充分发挥协调作用。当工程具备复工条件时，监理人应立即向承包人发出复工通知，承包人收到复工通知后，应在监理人指定的期限内复工。承包人无故拖延和拒绝复工的，由此增加的费用和工期延误责任由承包人承担；由于发包人的原因导致承包人无法按时复工的，所造成的工期延误和（或）费用增加，包括承包人的合理利润，由发包人承担。

12.5 暂停施工持续 56 天以上

12.5.1 监理人发出暂停施工指示后 56 天内未向承包人发出复工通知，除了该项停工属于第 12.1 款的情况外，承包人可向监理人提交书面通知，要求监理人在收到书面通知后 28 天内准许已暂停施工的工程或其中一部分工程继续施工。如监理人逾期不予批准，则承包人可以通知监理人，将工程受影响的部分视为按第 15.1（1）项的可取消工作。如暂停施工影响到整个工程，可视为发包人违约，应按第 22.2 款的约定办理。

12.5.2 由于承包人责任引起的暂停施工，如承包人在收到监理人暂停施工指示后 56 天内不认真采取有效的复工措施，造成工期延误，可视为承包人违约，应按第 22.1 款的约定办理。

暂停施工持续时间过长将严重影响工程完工日期并造成较大的经济损失，因此，本款特别约定了暂停施工持续 56 天以上的处理办法。

13. 工程质量

13.1 工程质量要求

13.1.1 工程质量验收按合同约定验收标准执行。

工程质量的具体验收标准和要求，主要在技术标准和要求中约定。

13.1.2 因承包人原因造成工程质量达不到合同约定验收标准的，监理人有权要求承包人返工直至符合合同要求为止，由此造成的费用增加和（或）工期延误由承包人承担。

《合同法》第 281 条规定，因承包人原因致使建设工程质量不符合约定的，发包人有权要求承包人在合理期限内无偿修理或者返工、改建。经过修理或者返工、改建后，造成逾期交付的，承包人应当承担违约责任。据此，本项约定了承包人工程质量未达到合同约定验收标准的处理办法。

13.1.3 因发包人原因造成工程质量达不到合同约定验收标准的，发包人应承担由于承包人返工造成的费用增加和（或）工期延误，并支付承包人合理利润。

本项依据《合同法》第 111 条、第 112 条、第 113 条，约定了由于发包人原因造成工程质量达不到合同约定验收标准的处理办法。

13.2 承包人的质量管理

13.2.1 承包人应在施工场地设置专门的质量检查机构，配备专职质量检查人员，建立完善的质量检查制度。承包人应在合同约定的期限内，提交工程质量保证措施文件，包括质量检查机构的组织和岗位责任、质检人员的组成、质量检查程序和实施细则等，报送监理人审批。

13.2.2 承包人应加强对施工人员的质量教育和技术培训，定期考核施工人员的劳动技能，严格执行规范和操作规程。

《建设工程质量管理条例》第 26 条规定，施工单位应对建设工程的施工质量负责。第 30 条规定，施工单位必须建立、健全施工质量的检验制度，严格工序管理，作好隐蔽工程的质量检查和记录。第 33 条规定，施工单位应当建立、健全教育培训制度，加强对职工的教育培训；未经教育培训或者考核不合格的人员，不得上岗作业。据此，本款对承包人的质量管理做了具体约定。

13.3 承包人的质量检查

承包人应按合同约定对材料、工程设备以及工程的所有部位及其施工工艺进行全过程的质量检查和检验，并作详细记录，编制工程质量报表，报送监理人审查。

（1）承包人应负责对材料和工程设备以及工程的所有部位及其施工工艺进行全过程的质量检查，认真执行自检、互检和工序交接检验制度，尤其应切实做好隐蔽工程和工程隐蔽部位的质量检查工作。

（2）承包人应建立一套全部工程的质量记录和报表，便于监理人复核检验和在日后发现质量问题时查找原因，并可作为解决合同争议的证据。

13.4 监理人的质量检查

监理人有权对工程的所有部位及其施工工艺、材料和工程设备进行检查和检验。承包人应为监理人的检查和检验提供方便，包括监理人到施工场地，或制造、加工地点，或合同约定的其他地方进行察看和查阅施工原始记录。承包人还应按监理人指示，进行施工场地取样试验、工程复核测量和设备性能检测，提供试验样品、提交试验报告和测量成果以及监理人要求进行的其他工作。监理人的检查和检验，不免除承包人按合同约定应负的责任。

《建设工程质量管理条例》第 36 条规定，工程监理单位应当按照法律、法规以及有关技术标准、设计文件和建设工程承包合同，代表建设单位对施工质量实施监理，并对施工质量承担监理责任。据此，本款约定，监理人有权对承包人的施工工程，以及任何为施工目的作业进行质量检查，承包人应为监理人的质量检查提供必要的协助。监理人在质量检查中，亦应注意避免和减少对承包人施工作业的影响。监理人检查发现工程质量不符合要求的，有权要求重新进行检查复核、取样检验、返工拆除，直至符合验收标准为止。

13.5 工程隐蔽部位覆盖前的检查

13.5.1 通知监理人检查

经承包人自检确认的工程隐蔽部位具备覆盖条件后，承包人应通知监理人在约定的期限内检查。承包人的通知应附有自检记录和必要的检查资料。监理人应按时到场检查。经监理人检查确认质量符合隐蔽要求，并在检查记录上签字后，承包人才能进行覆盖。监理人检查确认质量不合格的，承包人应在监理人指示的时间内修整返工后，由监理人重新检查。

13.5.2 监理人未到场检查

监理人未按第 13.5.1 项约定的时间进行检查的，除监理人另有指示外，承包人可自行完成覆盖工作，并作相应记录报送监理人，监理人应签字确认。监理人事后对检查记录有疑问的，可按第 13.5.3 项的约定重新检查。

13.5.3 监理人重新检查

承包人按第 13.5.1 项或第 13.5.2 项覆盖工程隐蔽部位后，监理人对质量有疑问的，可要求承包人对已覆盖的部位进行钻孔探测或揭开重新检验，承包人应遵照执行，并在检验后重新覆盖恢复原状。经检验证明工程质量符合合同要求的，由发包人承担由此增加的费用和（或）工期延误，并支付承包人合理利润；经检验证明工程质量不符合合同要求的，由此增加的费用和（或）工期延误由承包人承担。

13.5.4 承包人私自覆盖

承包人未通知监理人到场检查，私自将工程隐蔽部位覆盖的，监理人有权指示承包人钻孔探测或揭开检查，由此增加的费用和（或）工期延误由承包人承担。

（1）工程隐蔽部位指工作面经覆盖后将无法直接查看的任何工程部位。根据《合同法》第 278 条和《建设工程质量管理条例》第 30 条规定，本款约定工程隐蔽部位施工作业完成后，必须在覆盖前由承包人先行自检，并通知监理人进行检查。承包人应给监理人留出足够的检查时间。工程隐蔽部位经监理人检查合格并签字后，才能进行下一道工序。

（2）监理人不能按约定时间到场检查的，承包人可自行覆盖，并作好相应记录报送监理人，监理人应签字确认。监理人事后对检查记录有疑问的，可重新检查。

（3）无论监理人是否已进行检查，当其要求对已隐蔽的工程重新检验时，承包人应按要求进行剥离或开孔，并在检验后重新覆盖或修复。按照公平原则，本款第 13.5.3 项对覆盖工程隐蔽部位后重新检查的后果和风险做了合理划分，即重新检查结果是合格的，发包人应承担由此增加的费用和（或）相应顺延工期，并支付承包人合理利润；重新检查结果不合格，承包人应承担由此发生的全部费用，工期不予顺延。

（4）承包人私自覆盖的工程，监理人有权指示承包人进行补检，无论检查结果是否合格，由此增加的费用和工期延误责任均由承包人承担。

13.6　清除不合格工程

13.6.1　承包人使用不合格材料、工程设备，或采用不适当的施工工艺，或施工不当，造成工程不合格的，监理人可以随时发出指示，要求承包人立即采取措施进行补救，直至达到合同要求的质量标准，由此增加的费用和（或）工期延误由承包人承担。

13.6.2　由于发包人提供的材料或工程设备不合格造成的工程不合格，需要承包人采取措施补救的，发包人应承担由此增加的费用和（或）工期延误，并支付承包人合理利润。

（1）依据《合同法》第 107 条规定，承包人和发包人各对其违约行为导致的工程不合格承担相应的法律责任。

（2）承包人违反第 5.4 款的约定，使用了不合格的材料和工程设备，或采用不适当工艺，或施工不当造成工程不合格，监理人可要求承包人采取措施进行补救，直至清除不合格部位或全部不合格工程，承包人应遵照执行。承包人拒绝清除不合格工程的，构成承包人违约，按第 22.1 款的约定处理。

（3）如果不合格工程是由于发包人提供的材料和工程设备不合格的原因所造成的，应由发包人承担补救责任。

14. 试验和检验

14.1　材料、工程设备和工程的试验和检验

14.1.1　承包人应按合同约定进行材料、工程设备和工程的试验和检验，并为监理人对上述材料、工程设备和工程的质量检查提供必要的试验资料和原始记录。按合同约定应由监理人与承包人共同进行试验和检验的，由承包人负责提供必要的试验资料和原始记录。

14.1.2　监理人未按合同约定派员参加试验和检验的，除监理人另有指示外，承包人可自行试验和检验，并应立即将试验和检验结果报送监理人，监理人应签字确认。

14.1.3　监理人对承包人的试验和检验结果有疑问的，或为查清承包人试验和检验成果的可靠性要求承包人重新试验和检验的，可按合同约定由监理人与承包人共同进行。重新试验和检验的结果证明该项材料、工程设备或工程的质量不符合合同要求的，由此增加的费用和（或）工期延误由承包人承担；重新试验和检验结果证明该项材料、工程设备和工程符合合同要求，由发包人承担由此增加的费用和（或）工期延误，并支付承包人合理利润。

（1）《建设工程质量管理条例》第 29 条规定，施工单位必须按照工程设计要求、施工技术标准和合同约定，对建筑材料、建筑构配件、设备和商品混凝土进行检验，检验应当有书面记录和专人签字；未经检验或者检验不合格的，不得使用。据此，本款对材料、工程设备和工程的试验和检验作出约定。

（2）承包人应对建设工程的施工质量进行全过程控制，包括从材料和工程设备采购环节开始，直至完成全部工程施工，包括工程设备安装后进行试运行和交付验收的全过程中，需要按技术标准和要求的约定和监理人指示，对工程使用的各项材料和工程设备，以及工程本身进行各项试验和检验。

（3）承包人进行的上述试验或检验，均应做好记录，编写试验检验报告，依据技术标准、图纸或合同约定适用的国家标准或规范的规定报送监理人，监理人和承包人均应注意保存好试验检验报告和记录，特别是应保存好当时的原始记录。

（4）依据技术标准、图纸或合同约定适用的国家标准或规范，监理人应派员参加试验和检验的，如果监理人未派员参加，除监理人另有指示外，承包人可自行试验和检验，并立即将试验和检验结果报送监理人，监理人应签字确认。

（5）在履行合同过程中，监理人要求承包人增加合同中未列入的试验检验项目或在原试验检验项目中增加试验内容，其费用和（或）工期的承担可参照第 14.1.3 项约定处理。

14.2 现场材料试验

14.2.1 承包人根据合同约定或监理人指示进行的现场材料试验，应由承包人提供试验场所、试验人员、试验设备器材以及其他必要的试验条件。

14.2.2 监理人在必要时可以使用承包人的试验场所、试验设备器材以及其他试验条件，进行以工程质量检查为目的的复核性材料试验，承包人应予以协助。

（1）现场材料试验的工作，主要是现场常规试验及检验，如水泥、钢材、土料以及混凝土材料等的检验。

（2）因监理工作需要，监理人可免费使用承包人试验室进行复核性材料试验。

14.3 现场工艺试验

承包人应按合同约定或监理人指示进行现场工艺试验。对大型的现场工艺试验，监理人认为必要时，应由承包人根据监理人提出的工艺试验要求，编制工艺试验措施计划，报送监理人审批。

常规的现场工艺试验是指在国家或行业的规程、规范中规定的常规工艺试验或为进行某项成熟的工艺所必须进行的试验，其费用通常可计入所属的工程项目内，不需要在工程量清单中单独列项。特殊的、规模较大的新工艺试验，往往需要编制专项试验计划，通常应单独列项，采用总价承包，并应在技术标准和要求中详细说明其试验工作内容，以供承包人准确报价。在施工过程中，如果监理人要求增加合同中未规定的额外现场工艺试验时，承包人也应遵照执行，但其所需费用和承包人的合理利润由发包人承担，影响的工期应予以合理补偿。构成变更的，按照第 15 条变更处理。

15. 变更

15.1 变更的范围和内容

除专用合同条款另有约定外，在履行合同中发生以下情形之一，应按照本条规定进行变更。

（1）取消合同中任何一项工作，但被取消的工作不能转由发包人或其他人实施；

（2）改变合同中任何一项工作的质量或其他特性；

（3）改变合同工程的基线、标高、位置或尺寸；

（4）改变合同中任何一项工作的施工时间或改变已批准的施工工艺或顺序；

（5）为完成工程需要追加的额外工作。

（1）由于施工条件和发包人要求变化等原因，往往会发生合同约定的工程材料性质和品种、建筑物结构形式、施工工艺和方法，以及施工工期等的变动，必须变更才能维护合同公平。

（2）本款第1项约定是为维护合同公平，防止某些发包人在签约后擅自取消合同中的工作，转由发包人或其他承包人实施而使本合同承包人蒙受损失。如发包人将取消的工作转由自己或其他人实施，构成违约，按照《合同法》第113条规定，发包人应赔偿承包人损失。

（3）本款约定的变更内容，对各建设行业均具有通用性，即在各建设行业均存在这5方面的变更内容，故在专用合同条款约定具体工程的变更规则时，不宜删除此5项中的任何一项，以维护合同的公平原则。

15.2 变更权

在履行合同过程中，经发包人同意，监理人可按第15.3款约定的变更程序向承包人作出变更指示，承包人应遵照执行。没有监理人的变更指示，承包人不得擅自变更。

15.3 变更程序

15.3.1 变更的提出

（1）在合同履行过程中，可能发生第15.1款约定情形的，监理人可向承包人发出变更意向书。变更意向书应说明变更的具体内容和发包人对变更的时间要求，并附必要的图纸和相关资料。变更意向书应要求承包人提交包括拟实施变更工作的计划、措施和竣工时间等内容的实施方案。发包人同意承包人根据变更意向书要求提交的变更实施方案的，由监理人按第15.3.3项约定发出变更指示。

（2）在合同履行过程中，发生第15.1款约定情形的，监理人应按照第15.3.3项约定向承包人发出变更指示。

（3）承包人收到监理人按合同约定发出的图纸和文件，经检查认为其中存在第15.1款约定情形的，可向监理人提出书面变更建议。变更建议应阐明要求变更的依据，并附必要的图纸和说明。监理人收到承包人书面建议后，应与发包人共同研究，确认存在变更的，应在收到承包人书面建议后的 14 天内作出变更指示。经研究后不同意作为变更的，应由监理人书面答复承包人。

（4）若承包人收到监理人的变更意向书后认为难以实施此项变更，应立即通知监理人，说明原因并附详细依据。监理人与承包人和发包人协商后确定撤销、改变或不改变原变更意向书。

本项约定提出变更的三种情形，一是监理人认为可能要发生变更的情形，二是监理人认为肯定要发生变更的情形，三是承包人认为可能要发生变更的情形。具体提出程序参见本节使用指南变更程序图。

15.3.2　变更估价

（1）除专用合同条款对期限另有约定外，承包人应在收到变更指示或变更意向书后的 14 天内，向监理人提交变更报价书，报价内容应根据第 15.4 款约定的估价原则，详细开列变更工作的价格组成及其依据，并附必要的施工方法说明和有关图纸。

（2）变更工作影响工期的，承包人应提出调整工期的具体细节。监理人认为有必要时，可要求承包人提交要求提前或延长工期的施工进度计划及相应施工措施等详细资料。

（3）除专用合同条款对期限另有约定外，监理人收到承包人变更报价书后的 14 天内，根据第 15.4 款约定的估价原则，按照第 3.5 款商定或确定变更价格。

15.3.3　变更指示

（1）变更指示只能由监理人发出。

（2）变更指示应说明变更的目的、范围、变更内容以及变更的工程量及其进度和技术要求，并附有关图纸和文件。承包人收到变更指示后，应按变更指示进行变更工作。

15.4　变更的估价原则

除专用合同条款另有约定外，因变更引起的价格调整按照本款约定处理。

15.4.1　已标价工程量清单中有适用于变更工作的子目的，采用该子目的单价。

15.4.2　已标价工程量清单中无适用于变更工作的子目，但有类似子目的，可在合理范围内参照类似子目的单价，由监理人按第 3.5 款商定或确定变更工作的单价。

15.4.3　已标价工程量清单中无适用或类似子目的单价，可按照成本加利润的原则，由监理人按第 3.5 款商定或确定变更工作的单价。

本款规定的估价原则是以已标价工程量清单为主要依据的。按第 15.4.1 项约定，变更工作直接采用适用的子目单价的前提是其采用的材料、施工工艺和方法相同，亦不因此增加关键线路上工程项目的施工时间；按第 15.4.2 项约定，变更采用适用的子目单价的前提是其采用的材料、施工工艺和方法基本相似，不增加关键线路上工程项目的施工时间，可仅就其变更后的差异部分，参考类似的子目单价协商新的子目单价；按第 15.4.3 项约定，变更工作无法找到适用和类似的子目单价时，按成本加利润的原则协商新的变更单价。

15.5 承包人的合理化建议

15.5.1 在履行合同过程中，承包人对发包人提供的图纸、技术要求以及其他方面提出的合理化建议，均应以书面形式提交监理人。合理化建议书的内容应包括建议工作的详细说明、进度计划和效益以及与其他工作的协调等，并附必要的设计文件。监理人应与发包人协商是否采纳建议。建议被采纳并构成变更的，应按第 15.3.3 项约定向承包人发出变更指示。

15.5.2 承包人提出的合理化建议降低了合同价格、缩短了工期或者提高了工程经济效益的，发包人可按国家有关规定在专用合同条款中约定给予奖励。

（1）本款约定为充分利用承包人施工经验，提高工程可建造性提供了合同途径。

（2）承包人根据自身的施工经验可以对发包人提供的图纸、技术要求及其他方面提出合理化建议，监理人收到承包人的合理化建议后，应与发包人认真研究决定是否采用。

（3）承包人的合理化建议降低了合同价格、缩短了工期或者提高了工程经济效益的，发包人应按第 15.5.2 项的约定奖励承包人。

15.6 暂列金额

暂列金额只能按照监理人的指示使用，并对合同价格进行相应调整。

暂列金额在发包人提供的工程量清单中专项列出，并且只能按照监理人的指示使用。

尽管暂列金额列入合同价格，但并不属于承包人所有，也不必然发生。只有按照合同约定实际发生后，才成为承包人的应得金额，纳入合同结算价款中。扣除实际发生金额后的暂列金额余额仍属于发包人所有。

15.7 计日工

15.7.1 发包人认为有必要时，由监理人通知承包人以计日工方式实施变更的零星工作。其价款按列入已标价工程量清单中的计日工计价子目及其单价进行计算。

15.7.2 采用计日工计价的任何一项变更工作，应从暂列金额中支付，承包人应在该项变更的实施过程中，每天提交以下报表和有关凭证报送监理人审批：

（1）工作名称、内容和数量；

（2）投入该工作所有人员的姓名、工种、级别和耗用工时；

（3）投入该工作的材料类别和数量；

（4）投入该工作的施工设备型号、台数和耗用台时；

（5）监理人要求提交的其他资料和凭证。

15.7.3 计日工由承包人汇总后，按第 17.3.2 项的约定列入进度付款申请单，由监理人复核并经发包人同意后列入进度付款。

（1）零星的变更工作采用计日工方式结算较为方便。第 15.7.1 项和第 15.7.2 项约定由承包人在投标时填报人工、材料和施工机械使用费的计日工单价，经发包人确认后列入合同文件，作为计价的依据。

（2）计日工的结算应按监理人核实的实耗人工工时、材料用量和施工机械台时数乘以计日工单价进行结算。承包人应每天向监理人报送准确的报表和凭证。

（3）计日工报价要求，以及计量和计价的规则应在工程量清单中详细约定。

15.8 暂估价

15.8.1 发包人在工程量清单中给定暂估价的材料、工程设备和专业工程属于依法必须招标的范围并达到规定的规模标准的，由发包人和承包人以招标的方式选择供应商或分包人。发包人和承包人的权利义务关系在专用合同条款中约定。中标金额与工程量清单中所列的暂估价的金额差以及相应的税金等其他费用列入合同价格。

15.8.2 发包人在工程量清单中给定暂估价的材料和工程设备不属于依法必须招标的范围或未达到规定的规模标准的，应由承包人按第 5.1 款的约定提供。经监理人确认的材料、工程设备的价格与工程量清单中所列的暂估价的金额差以及相应的税金等其他费用列入合同价格。

15.8.3 发包人在工程量清单中给定暂估价的专业工程不属于依法必须招标的范围或未达到规定的规模标准的，由监理人按照第 15.4 款进行估价，但专用合同条款另有约定的除外。经估价的专业工程与工程量清单中所列的暂估价的金额差以及相应的税金等其他费用列入合同价格。

在工程招标阶段已经确定的材料、工程设备或工程项目，但又无法在当时确定准确价格，而可能影响招标效果的，可由发包人在工程量清单中给定一个暂估价。本款约定了确定暂估价实际开支的三种情形，一是依法不需要招标的材料和工程设备，承包人报样，监理人认价；二是依法不需要招标的专业工程，按照变更计价处理；三是依法必须招标的材料、工程设备和专业工程，合同双方当事人共同招标确定。为了使招标工作顺利进行，应在专用合同条款中明确发包人和承包人的权利义务关系。

16. 价格调整

16.1 物价波动引起的价格调整

除专用合同条款另有约定外，因物价波动引起的价格调整按照本款约定处理。

本款规定了两种价格调整方式，由招标人选择使用。

16.1.1 采用价格指数调整价格差额

16.1.1.1 价格调整公式

因人工、材料和设备等价格波动影响合同价格时，根据投标函附录中的价格指数和权重表约定的数据，按以下公式计算差额并调整合同价格。

$$\Delta P = P_0\left[A + \left(B_1 \times \frac{F_{t1}}{F_{01}} + B_2 \times \frac{F_{t2}}{F_{02}} + B_3 \times \frac{F_{t3}}{F_{03}} + \cdots + B_n \times \frac{F_{tn}}{F_{0n}}\right) - 1\right]$$

式中　ΔP——需调整的价格差额；

P_0——第 17.3.3 项、第 17.5.2 项和第 17.6.2 项约定的付款证书中承包人应得到的已完成工程量的金额。此项金额应不包括价格调整、不计质量保证金的扣留和支付、预付款的支付和扣回。第 15 条约定的变更及其他金额已按现行价格计价的，也不计在内；

A——定值权重（即不调部分的权重）；

B_1；B_2；B_3 ····· B_n——各可调因子的变值权重（即可调部分的权重）为各可调因子在投标函投标总报价中所占的比例；

F_{t1}；F_{t2}；F_{t3} ····· F_{tn}——各可调因子的现行价格指数，指第 17.3.3 项、第 17.5.2 项和第 17.6.2 项约定的付款证书相关周期最后一天的前 42 天的各可调因子的价格指数；

F_{01}；F_{02}；F_{03} ·····F_{0n}——各可调因子的基本价格指数，指基准日期的各可调因子的价格指数。

以上价格调整公式中的各可调因子、定值和变值权重，以及基本价格指数及其来源在投标函附录价格指数和权重表中约定。价格指数应首先采用有关部门提供的价格指数，缺乏上述价格指数时，可采用有关部门提供的价格代替。

16.1.1.2　暂时确定调整差额

在计算调整差额时得不到现行价格指数的，可暂用上一次价格指数计算，并在以后的付款中再按实际价格指数进行调整。

16.1.1.3　权重的调整

按第 15.1 款约定的变更导致原定合同中的权重不合理时，由监理人与承包人和发包人协商后进行调整。

16.1.1.4　承包人工期延误后的价格调整

由于承包人原因未在约定的工期内竣工的，则对原约定竣工日期后继续施工的工程，在使用第 16.1.1.1 目价格调整公式时，应采用原约定竣工日期与实际竣工日期的两个价格指数中较低的一个作为现行价格指数。

本款规定采用价格指数调整价格差额，作为物价波动引起的价格调整办法之一。采用价格指数调整价格差额主要是根据完成工程施工所需的人工、材料和机械台时等因子的估计耗用量，在招投标时事先约定各可调因子的变值权重和不调因子的定值权重，以公平分担价格风险的原则，计算得出支付项目的价格波动价差。其优点是可在进度付款中减少由于调价不及时引起的合同争议。

16.1.2 采用造价信息调整价格差额

施工期内，因人工、材料、设备和机械台班价格波动影响合同价格时，人工、机械使用费按照国家或省、自治区、直辖市建设行政管理部门、行业建设管理部门或其授权的工程造价管理机构发布的人工成本信息、机械台班单价或机械使用费系数进行调整；需要进行价格调整的材料，其单价和采购数应由监理人复核，监理人确认需调整的材料单价及数量，作为调整工程合同价格差额的依据。

招标文件规定投标报价时，采用工程造价管理机构发布的价格信息作为人工、材料和机械的市场价格的，可以按照本项约定调整价格差额。

16.2 法律变化引起的价格调整

在基准日后，因法律变化导致承包人在合同履行中所需要的工程费用发生除第 16.1 款约定以外的增减时，监理人应根据法律、国家或省、自治区、直辖市有关部门的规定，按第 3.5 款商定或确定需调整的合同价款。

法律变化包括税费调整、行政管理程序变更等情形。导致工程费用增减的，按照本款执行。但需要注意的是，在第 16.1 款中，某可调因子的价格指数如已包括了法律变化的因素，不应再重复调价。

17. 计量与支付

17.1 计量

17.1.1 计量单位

计量采用国家法定的计量单位。

《计量法》第 3 条规定，国际单位制计量单位和国家选定的其他计量单位，为国家法定计量单位。国家法定计量单位的名称、符号由国务院公布。非国家法定计量单位应当废除。各子目的计量单位在工程量清单中写明，应以国家法定的计量单位为基本依据，并以计量支付便捷的原则予以确定。

17.1.2 计量方法

工程量清单中的工程量计算规则应按有关国家标准、行业标准的规定，并在合同中约定执行。

计量方法指第 17.1.3 项约定的计量周期，以及第 17.1.4 项和（或）第 17.1.5 项、专用合同条款、技术标准和要求、工程量清单等约定的方法。进一步说明参见第五章“工程量清单”使用说明。

17.1.3 计量周期

除专用合同条款另有约定外，单价子目已完成工程量按月计量，总价子目的计量周期按批准的支付分解报告确定。

17.1.4　单价子目的计量

（1）已标价工程量清单中的单价子目工程量为估算工程量。结算工程量是承包人实际完成的，并按合同约定的计量方法进行计量的工程量。

（2）承包人对已完成的工程进行计量，向监理人提交进度付款申请单、已完成工程量报表和有关计量资料。

（3）监理人对承包人提交的工程量报表进行复核，以确定实际完成的工程量。对数量有异议的，可要求承包人按第 8.2 款约定进行共同复核和抽样复测。承包人应协助监理人进行复核并按监理人要求提供补充计量资料。承包人未按监理人要求参加复核，监理人复核或修正的工程量视为承包人实际完成的工程量。

（4）监理人认为有必要时，可通知承包人共同进行联合测量、计量，承包人应遵照执行。

（5）承包人完成工程量清单中每个子目的工程量后，监理人应要求承包人派员共同对每个子目的历次计量报表进行汇总，以核实最终结算工程量。监理人可要求承包人提供补充计量资料，以确定最后一次进度付款的准确工程量。承包人未按监理人要求派员参加的，监理人最终核实的工程量视为承包人完成该子目的准确工程量。

（6）监理人应在收到承包人提交的工程量报表后的 7 天内进行复核，监理人未在约定时间内复核的，承包人提交的工程量报表中的工程量视为承包人实际完成的工程量，据此计算工程价款。

（1）单价子目就是已标价工程量清单中以单价计价的子目，一般为可以按照约定的工程量计算规则确定数量的子目。

（2）第 17.1.4（1）目中“合同约定的计量方法”主要是指通用合同条款、专用合同条款、技术标准和要求、工程量清单等约定的计量周期和计量方法。已完成的工程量一般按月计量和支付，若有特殊要求，可在专用合同条款中约定。计量周期的起止日期可根据具体建设项目有关财务拨付和计划统计的要求由当事人协商确定。

（3）按照第 17.1.4（5）目约定，子目最终结算工程量是在合同履行过程中逐步确定的，有利于提高竣工结算效率，避免纠纷。

17.1.5　总价子目的计量

除专用合同条款另有约定外，总价子目的分解和计量按照下述约定进行。

（1）总价子目的计量和支付应以总价为基础，不因第 16.1 款中的因素而进行调整。承包人实际完成的工程量，是进行工程目标管理和控制进度支付的依据。

（2）承包人在合同约定的每个计量周期内，对已完成的工程进行计量，并向监理人提交进度付款申请单、专用合同条款约定的合同总价支付分解表所表示的阶段性或分项计量的支持性资料，以及所达到工程形象目标或分阶段需完成的工程量和有关计量资料。

（3）监理人对承包人提交的上述资料进行复核，以确定分阶段实际完成的工程量和工程形象目标。对其有异议的，可要求承包人按第 8.2 款约定进行共同复核和抽样复测。

（4）除按照第 15 条约定的变更外，总价子目的工程量是承包人用于结算的最终工程量。

（1）总价子目就是在已标价工程量清单中以项或总额为计量单位、以总价计价的子目，一般用于不能按照约定的工程量计算规则确定数量的子目。

（2）总价合同中可能有单价子目，单价合同中也可能有总价子目。通用合同条款区别单价子目和总价子目的计量方式，一方面是为了充分考虑单价子目和总价子目计量和计价的特点，简化合同履行过程中的计量管理工作，另一方面也是为了兼顾通用合同条款对单价合同和总价合同的普遍适用性。

（3）总价子目的支付分解表形成一般有以下三种方式：一是对于工期较短的项目，将各个总价子目的价格按合同约定的计量周期平均；二是对合同价值不大的项目，按照总价子目的价格占签约合同价的百分比，以及各个支付周期内所完成的单价子目的总价值，以固定百分比方式均摊支付；三是根据有合同约束力的进度计划、预先确定的里程碑形象进度节点（或者支付周期）、组成总价子目的价格要素的性质（与时间、方法和（或）当期完成合同价值等的关联性），将总价子目的价格分解到各个形象进度节点（或者支付周期中），汇总形成支付分解表，经监理人审核批准后，产生合同约束力。实际支付时，由监理人检查核实其实际形象进度，达到支付分解表的要求后，即可支付经批准的每阶段总价子目的支付金额。第三种方式是比较公平和合理的做法，该方式的支付分解表一般应根据工程实际进度完成情况，随进度计划的调整，定期进行适当的修正，专用合同条款可以对此补充相应约定。

（4）对施工时间短的总价子目，或材料和工程设备主要由发包人提供的总价子目可不因第 16.1 款的物价波动而调整其合同价格。不调整物价波动因素的界限应在专用合同条款中约定。

17.2 预付款

17.2.1 预付款

预付款用于承包人为合同工程施工购置材料、工程设备、施工设备、修建临时设施以及组织施工队伍进场等。预付款的额度和预付办法在专用合同条款中约定。预付款必须专用于合同工程。

17.2.2 预付款保函

除专用合同条款另有约定外，承包人应在收到预付款的同时向发包人提交预付款保函，预付款保函的担保金额应与预付款金额相同。保函的担保金额可根据预付款扣回的金额相应递减。

17.2.3 预付款的扣回与还清

预付款在进度付款中扣回，扣回办法在专用合同条款中约定。在颁发工程接收证书前，由于不可抗力或其他原因解除合同时，预付款尚未扣清的，尚未扣清的预付款余额应作为承包人的到期应付款。

（1）预付款是发包人为解决承包人在施工准备阶段资金周转问题提供的协助。如某些大型工程使用的水泥、钢材等大宗材料，可根据工程具体情况设置工程材料预付款；施工合同中，若需要承包人采购价值较高的工程设备时，发包人按商业惯例向承包人支付工程设备预付款。

（2）预付款只能专用于本合同工程。预付款的总金额、分期拨付次数、每次付款金额、付款时间以及预付款担保手续等应视工程规模、工期长短、工程类型和工程量清单中子目内容等具体情况，由发包人通过编制合同资金流，以及参考类似工程的经验估算确定，并在专用合同条款中约定。

（3）预付款在进度付款中扣回办法可根据不同行业或具体项目的工程量完成进度情况，在专用合同条款中进行约定。

17.3 工程进度付款

17.3.1 付款周期

付款周期同计量周期。

17.3.2 进度付款申请单

承包人应在每个付款周期末，按监理人批准的格式和专用合同条款约定的份数，向监理人提交进度付款申请单，并附相应的支持性证明文件。除专用合同条款另有约定外，进度付款申请单应包括下列内容：

（1）截至本次付款周期末已实施工程的价款；

（2）根据第 15 条应增加和扣减的变更金额；

（3）根据第 23 条应增加和扣减的索赔金额；

（4）根据第 17.2 款约定应支付的预付款和扣减的返还预付款；

（5）根据第 17.4.1 项约定应扣减的质量保证金；

（6）根据合同应增加和扣减的其他金额。

17.3.3 进度付款证书和支付时间

（1）监理人在收到承包人进度付款申请单以及相应的支持性证明文件后的 14 天内完成核查，提出发包人到期应支付给承包人的金额以及相应的支持性材料，经发包人审查同意后，由监理人向承包人出具经发包人签认的进度付款证书。监理人有权扣发承包人未能按照合同要求履行任何工作或义务的相应金额。

（2）发包人应在监理人收到进度付款申请单后的 28 天内，将进度应付款支付给承包人。发包人不按期支付的，按专用合同条款的约定支付逾期付款违约金。

（3）监理人出具进度付款证书，不应视为监理人已同意、批准或接受了承包人完成的该部分工作。

（4）进度付款涉及政府投资资金的，按照国库集中支付等国家相关规定和专用合同条款的约定办理。

17.3.4　工程进度付款的修正

在对以往历次已签发的进度付款证书进行汇总和复核中发现错、漏或重复的，监理人有权予以修正，承包人也有权提出修正申请。经双方复核同意的修正，应在本次进度付款中支付或扣除。

（1）承包人的工程进度付款申请单提交日期，以及相关的完成工程量计量起止日期，可根据施工项目财务拨付和计划统计的要求，由合同双方协商确定。

（2）承包人提交的工程进度付款申请单的格式应经监理人批准，内容可在专用合同条款中另行约定。

（3）监理人收到承包人提交的进度付款申请单以及相应的支持性证明文件后，对承包人完成的各子目工程形象、质量、数量以及价款的计算进行核查。如果监理人有疑问的，可要求承包人派员与监理人共同复核。监理人根据核查结果出具付款证书，提出应到期支付给承包人的金额。付款证书是经发包人签认、监理人签发的应付给承包人款项的凭证。

（4）在申请进度付款的子目中，若监理人发现存在部分工程质量不符合要求的，监理人可在出具付款证书时，扣发该部分工程价款。

（5）发包人未按合同约定的期限付款，应按专用合同条款的约定加付逾期付款违约金。

（6）发包人按本合同约定进行进度付款的项目，如果使用政府投资资金，应遵守国库集中支付的规定，并满足本合同约定的进度付款程序的要求。

17.4　质量保证金

17.4.1　监理人应从第一个付款周期开始，在发包人的进度付款中，按专用合同条款的约定扣留质量保证金，直至扣留的质量保证金总额达到专用合同条款约定的金额或比例为止。质量保证金的计算额度不包括预付款的支付、扣回以及价格调整的金额。

17.4.2　在第 1.1.4.5 目约定的缺陷责任期满时，承包人向发包人申请到期应返还承包人剩余的质量保证金金额，发包人应在 14 天内会同承包人按照合同约定的内容核实承包人是否完成缺陷责任。如无异议，发包人应当在核实后将剩余保证金返还承包人。

17.4.3　在第 1.1.4.5 目约定的缺陷责任期满时，承包人没有完成缺陷责任的，发包人有权扣留与未履行责任剩余工作所需金额相应的质量保证金余额，并有权根据第 19.3 款约定要求延长缺陷责任期，直至完成剩余工作为止。

（1）质量保证金用于承包人履行属于其自身责任的工程缺陷修补，为监理人有效监督承包人圆满完成缺陷修补工作提供资金保证。

（2）质量保证金总额应视项目合同的具体情况确定，通常为合同价格的 5%。质量保证金的扣留比例和方法依据有关规定在专用合同条款中约定。

（3）缺陷责任期满，承包人未完成缺陷修补工作的，发包人可按第 19.3 款约定延长缺陷责任期，并扣留质量保证金余额。

17.5 竣工结算

17.5.1 竣工付款申请单

（1）工程接收证书颁发后，承包人应按专用合同条款约定的份数和期限向监理人提交竣工付款申请单，并提供相关证明材料。除专用合同条款另有约定外，竣工付款申请单应包括下列内容：竣工结算合同总价、发包人已支付承包人的工程价款、应扣留的质量保证金、应支付的竣工付款金额。

（2）监理人对竣工付款申请单有异议的，有权要求承包人进行修正和提供补充资料。经监理人和承包人协商后，由承包人向监理人提交修正后的竣工付款申请单。

17.5.2 竣工付款证书及支付时间

（1）监理人在收到承包人提交的竣工付款申请单后的 14 天内完成核查，提出发包人到期应支付给承包人的价款送发包人审核并抄送承包人。发包人应在收到后 14 天内审核完毕，由监理人向承包人出具经发包人签认的竣工付款证书。监理人未在约定时间内核查，又未提出具体意见的，视为承包人提交的竣工付款申请单已经监理人核查同意；发包人未在约定时间内审核又未提出具体意见的，监理人提出发包人到期应支付给承包人的价款视为已经发包人同意。

（2）发包人应在监理人出具竣工付款证书后的 14 天内，将应支付款支付给承包人。发包人不按期支付的，按第 17.3.3（2）目的约定，将逾期付款违约金支付给承包人。

（3）承包人对发包人签认的竣工付款证书有异议的，发包人可出具竣工付款申请单中承包人已同意部分的临时付款证书。存在争议的部分，按第 24 条的约定办理。

（4）竣工付款涉及政府投资资金的，按第 17.3.3（4）目的约定办理。

（1）工程竣工验收并颁发接收证书后，发包人和承包人应按第 17.5.1 项与第 17.5.2 项约定的程序进行竣工结算。承包人向监理人提交的竣工付款申请单，应说明尚未在竣工日期前结算的全部金额，经监理人核查后向承包人出具发包人签认后的竣工付款证书。

（2）发包人和监理人对承包人提交的竣工付款申请单有异议时，可要求承包人修正和补充；承包人对发包人签认的竣工付款证书有异议的，发包人可出具承包人已同意部分的临时付款证书，并支付相应金额，有争议部分可进一步协商或留待争议评审、仲裁或诉讼解决。

（3）如果使用政府投资资金，应在专用合同条款中约定应遵守国库集中支付的规定，并满足本合同竣工结算程序的要求。

17.6 最终结清

17.6.1 最终结清申请单

（1）缺陷责任期终止证书签发后，承包人可按专用合同条款约定的份数和期限向监理人提交最终结清申请单，并提供相关证明材料。

（2）发包人对最终结清申请单内容有异议的，有权要求承包人进行修正和提供补充资料，由承包人向监理人提交修正后的最终结清申请单。

17.6.2　最终结清证书和支付时间

（1）监理人收到承包人提交的最终结清申请单后的 14 天内，提出发包人应支付给承包人的价款送发包人审核并抄送承包人。发包人应在收到后 14 天内审核完毕，由监理人向承包人出具经发包人签认的最终结清证书。监理人未在约定时间内核查，又未提出具体意见的，视为承包人提交的最终结清申请已经监理人核查同意；发包人未在约定时间内审核又未提出具体意见的，监理人提出应支付给承包人的价款视为已经发包人同意。

（2）发包人应在监理人出具最终结清证书后的 14 天内，将应支付款支付给承包人。发包人不按期支付的，按第 17.3.3（2）目的约定，将逾期付款违约金支付给承包人。

（3）承包人对发包人签认的最终结清证书有异议的，按第 24 条的约定办理。

（4）最终结清付款涉及政府投资资金的，按第 17.3.3（4）目的约定办理。

（1）缺陷责任终止证书颁发后，承包人已完成全部承包工作，但合同的财务账目尚未结清，因此承包人应提交最终结清申请单，说明尚未结清的名目和金额，并附相关证明材料，监理人核查提出发包人应付价款，报送发包人审核。若发包人审核时有异议，可与承包人协商，若达不成协议，采取与竣工结算相同的办法解决。

（2）最终结清时，如果发包人扣留的质量保证金不足以抵减发包人损失的，承包人还应承担不足部分的赔偿责任。

18. 竣工验收

18.1　竣工验收的含义

18.1.1　竣工验收指承包人完成了全部合同工作后，发包人按合同要求进行的验收。

18.1.2　国家验收是政府有关部门根据法律、规范、规程和政策要求，针对发包人全面组织实施的整个工程正式交付投运前的验收。

18.1.3　需要进行国家验收的，竣工验收是国家验收的一部分。竣工验收所采用的各项验收和评定标准应符合国家验收标准。发包人和承包人为竣工验收提供的各项竣工验收资料应符合国家验收的要求。

本款区分了竣工验收和国家验收。本合同所指的竣工验收，是指承包人完成合同工程后移交给发包人接收前，由发包人组织进行的验收。这种意义上的竣工验收，实践中也称作"完工验收"和"交工验收"，本合同条款根据《合同法》、《建筑法》、《公路法》、《港口法》、《建设工程质量管理条例》，用"竣工验收"一词予以统一。国家验收是各级政府有关部门不以发包人身份，根据法律、法规、规程、规范和政策要求，针对发包人组织实施的整个工程正式交付投运前的验收。

18.2 竣工验收申请报告

当工程具备以下条件时，承包人即可向监理人报送竣工验收申请报告：

（1）除监理人同意列入缺陷责任期内完成的尾工（甩项）工程和缺陷修补工作外，合同范围内的全部单位工程以及有关工作，包括合同要求的试验、试运行以及检验和验收均已完成，并符合合同要求；

（2）已按合同约定的内容和份数备齐了符合要求的竣工资料；

（3）已按监理人的要求编制了在缺陷责任期内完成的尾工（甩项）工程和缺陷修补工作清单以及相应施工计划；

（4）监理人要求在竣工验收前应完成的其他工作；

（5）监理人要求提交的竣工验收资料清单。

（1）承包人在提交竣工验收申请报告时，经监理人同意，可将某些不影响工程使用的尾工（甩项）工程留待缺陷责任期内完成，使工程尽早发挥效益。

（2）承包人提交竣工验收申请报告的同时，应备齐的竣工资料内容和份数在专用合同条款中约定。

（3）行业主管部门和城建档案馆对竣工验收资料内容或份数有规定的，从其规定。

18.3 验收

监理人收到承包人按第 18.2 款约定提交的竣工验收申请报告后，应审查申请报告的各项内容，并按以下不同情况进行处理。

18.3.1 监理人审查后认为尚不具备竣工验收条件的，应在收到竣工验收申请报告后的 28 天内通知承包人，指出在颁发接收证书前承包人还需进行的工作内容。承包人完成监理人通知的全部工作内容后，应再次提交竣工验收申请报告，直至监理人同意为止。

18.3.2 监理人审查后认为已具备竣工验收条件的，应在收到竣工验收申请报告后的 28 天内提请发包人进行工程验收。

18.3.3 发包人经过验收后同意接收工程的，应在监理人收到竣工验收申请报告后的 56 天内，由监理人向承包人出具经发包人签认的工程接收证书。发包人验收后同意接收工程但提出整修和完善要求的，限期修好，并缓发工程接收证书。整修和完善工作完成后，监理人复查达到要求的，经发包人同意后，再向承包人出具工程接收证书。

18.3.4 发包人验收后不同意接收工程的，监理人应按照发包人的验收意见发出指示，要求承包人对不合格工程认真返工重作或进行补救处理，并承担由此产生的费用。承包人在完成不合格工程的返工重作或补救工作后，应重新提交竣工验收申请报告，按第 18.3.1 项、第 18.3.2 项和第 18.3.3 项的约定进行。

18.3.5 除专用合同条款另有约定外，经验收合格工程的实际竣工日期，以提交竣工验收申请报告的日期为准，并在工程接收证书中写明。

18.3.6　发包人在收到承包人竣工验收申请报告56天后未进行验收的，视为验收合格，实际竣工日期以提交竣工验收申请报告的日期为准，但发包人由于不可抗力不能进行验收的除外。

（1）承包人提交竣工验收申请报告后，监理人应在约定的期限内进行审查，发包人应在约定的期限内进行竣工验收，验收通过后颁发工程接收证书。

（2）工程接收证书上写明的实际竣工日期一般应为承包人提交竣工验收申请报告的日期，需要返工重作或补救后才能达到竣工验收要求的工程，应为承包人修理、改建后提请发包人验收的日期。如果当事人对工程接收证书上写明的实际竣工日期有不同要求，可在专用合同条款中另行约定。

（3）发包人收到承包人竣工验收申请报告56天后不进行验收，视为验收合格，实际竣工日期以提交竣工验收申请报告的日期为准，但发包人由于不可抗力不能进行验收的除外。

18.4　单位工程验收

18.4.1　发包人根据合同进度计划安排，在全部工程竣工前需要使用已经竣工的单位工程时，或承包人提出经发包人同意时，可进行单位工程验收。验收的程序可参照第18.2款与第18.3款的约定进行。验收合格后，由监理人向承包人出具经发包人签认的单位工程验收证书。已签发单位工程接收证书的单位工程由发包人负责照管。单位工程的验收成果和结论作为全部工程竣工验收申请报告的附件。

18.4.2　发包人在全部工程竣工前，使用已接收的单位工程导致承包人费用增加的，发包人应承担由此增加的费用和（或）工期延误，并支付承包人合理利润。

（1）单位工程指根据合同第1.1.3.4目约定，在专用合同条款中指明的特定范围的永久工程。

（2）在整个合同工程竣工验收前，其中某些单位工程已竣工，并可提前发挥效益时，若发包人要求或经发包人同意可先行验收，并先予颁发单位工程接收证书，其验收的内容和程序可按第18.2款和第18.3款的约定进行。

（3）发包人验收并颁发单位工程接收证书后，应先接管该单位工程，其验收成果及其验收记录和凭证等作为工程竣工验收资料的组成部分。

18.5　施工期运行

18.5.1　施工期运行是指合同工程尚未全部竣工，其中某项或某几项单位工程或工程设备安装已竣工，根据专用合同条款约定，需要投入施工期运行的，经发包人按第18.4款的约定验收合格，证明能确保安全后，才能在施工期投入运行。

18.5.2　在施工期运行中发现工程或工程设备损坏或存在缺陷的，由承包人按第19.2款约定进行修复。

（1）需要投入施工期运行的未全部竣工的工程在施工期投入运行时，局部建筑物将承受施工期运行荷载，发包人应认真复核建筑物在施工期的运行安全。

（2）施工期运行需要使用工程设备时，该设备必须通过试运行检验和具备使用条件，并且不得影响邻近部位施工作业和人员的安全。

（3）施工期运行中新发现的工程缺陷和损坏，可能是运行管理不当产生的，也可能在投入运行前已隐存的，应按第 19.2 款的约定由承包人和发包人各自承担应负的责任。

18.6 试运行

18.6.1 除专用合同条款另有约定外，承包人应按专用合同条款约定进行工程及工程设备试运行，负责提供试运行所需的人员、器材和必要的条件，并承担全部试运行费用。

18.6.2 由于承包人的原因导致试运行失败的，承包人应采取措施保证试运行合格，并承担相应费用。由于发包人的原因导致试运行失败的，承包人应当采取措施保证试运行合格，发包人应承担由此产生的费用，并支付承包人合理利润。

本款约定了试运行的责任承担及风险分配。试运行的技术细节应在技术标准和要求中约定。考虑到各行业试运行的做法不一样，如通信建设工程的试运行是由发包人组织并承担部分费用，本款以“专用合同条款另有约定”的方式为各行业留出空间。

18.7 竣工清场

18.7.1 除合同另有约定外，工程接收证书颁发后，承包人应按以下要求对施工场地进行清理，直至监理人检验合格为止。竣工清场费用由承包人承担。

（1）施工场地内残留的垃圾已全部清除出场；

（2）临时工程已拆除，场地已按合同要求进行清理、平整或复原；

（3）按合同约定应撤离的承包人设备和剩余的材料，包括废弃的施工设备和材料，已按计划撤离施工场地；

（4）工程建筑物周边及其附近道路、河道的施工堆积物，已按监理人指示全部清理；

（5）监理人指示的其他场地清理工作已全部完成。

18.7.2 承包人未按监理人的要求恢复临时占地，或者场地清理未达到合同约定的，发包人有权委托其他人恢复或清理，所发生的金额从拟支付给承包人的款项中扣除。

（1）本款可与第 18.8 款对照阅读。一般情况下，承包人应在工程接收证书颁发后对工程接收证书所涉及的那部分施工场地进行清理，以便发包人使用已完成的工程，但有时为了工程能尽早投入使用，或因在缺陷责任期内尚留有需使用的部分临时工程和施工设备，可能留下部分清场工作在缺陷责任期终止后完成，遇有这种情况，应在专用合同条款中另行约定。

（2）承包人未按合同要求恢复临时占地，发包人可委托其他人执行，其所需费用应从拟支付给承包人的款项中扣除。

18.8　施工队伍的撤离

工程接收证书颁发后的 56 天内，除了经监理人同意需在缺陷责任期内继续工作和使用的人员、施工设备和临时工程外，其余的人员、施工设备和临时工程均应撤离施工场地或拆除。除合同另有约定外，缺陷责任期满时，承包人的人员和施工设备应全部撤离施工场地。

19. 缺陷责任与保修责任

19.1　缺陷责任期的起算时间

缺陷责任期自实际竣工日期起计算。在全部工程竣工验收前，已经发包人提前验收的单位工程，其缺陷责任期的起算日期相应提前。

缺陷责任期期限应视具体工程的性质和使用条件，在专用合同条款中约定。

19.2　缺陷责任

19.2.1　承包人应在缺陷责任期内对已交付使用的工程承担缺陷责任。

19.2.2　缺陷责任期内，发包人对已接收使用的工程负责日常维护工作。发包人在使用过程中，发现已接收的工程存在新的缺陷或已修复的缺陷部位或部件又遭损坏的，承包人应负责修复，直至检验合格为止。

19.2.3　监理人和承包人应共同查清缺陷和（或）损坏的原因。经查明属承包人原因造成的，应由承包人承担修复和查验的费用。经查验属发包人原因造成的，发包人应承担修复和查验的费用，并支付承包人合理利润。

19.2.4　承包人不能在合理时间内修复缺陷的，发包人可自行修复或委托其他人修复，所需费用和利润的承担，按第 19.2.3 项约定办理。

在缺陷责任期内，承包人有修复所有工程缺陷和损坏的责任，但由谁承担修复和查验的费用，需查清工程缺陷和损坏的原因。一般说来，属于承包人提供的材料、工程设备和施工工艺以及其他由于承包人原因造成的工程缺陷和损坏，应由承包人承担修复和查验的费用；属于发包人原因造成的工程缺陷和损坏，应由发包人承担修复和查验的费用。

19.3　缺陷责任期的延长

由于承包人原因造成某项缺陷或损坏使某项工程或工程设备不能按原定目标使用而需要再次检查、检验和修复的，发包人有权要求承包人相应延长缺陷责任期，但缺陷责任期最长不超过 2 年。

一般说来，应只考虑延长由此部分缺陷或损坏引起的不能使用的相关工程和工程设备的缺陷责任期。

19.4 进一步试验和试运行

任何一项缺陷或损坏修复后，经检查证明其影响了工程或工程设备的使用性能，承包人应重新进行合同约定的试验和试运行，试验和试运行的全部费用应由责任方承担。

在工程缺陷或损坏修复后，需要进一步试验和试运行时，发包人应在工程缺陷或损坏修复后的一定期限内通知承包人。

19.5 承包人的进入权

缺陷责任期内承包人为缺陷修复工作需要，有权进入工程现场，但应遵守发包人的保安和保密规定。

在缺陷责任终止证书颁发前，承包人承担了本条约定的缺陷修复责任，应有权进入工程和工程设备现场，但承包人应遵守发包人的保安和保密规定，事先办理进入手续。

19.6 缺陷责任期终止证书

在第1.1.4.5目约定的缺陷责任期，包括根据第19.3款延长的期限终止后14天内，由监理人向承包人出具经发包人签认的缺陷责任期终止证书，并退还剩余的质量保证金。

发包人颁发缺陷责任期终止证书后，应退还剩余的质量保证金。但如果发包人扣留的质量保证金不足以抵减发包人损失的，承包人还应承担不足部分的赔偿责任。

19.7 保修责任

合同当事人根据有关法律规定，在专用合同条款中约定工程质量保修范围、期限和责任。保修期自实际竣工日期起计算。在全部工程竣工验收前，已经发包人提前验收的单位工程，其保修期的起算日期相应提前。

建设工程竣工验收后的质量保修范围与期限应遵守《建设工程质量管理条例》以及各建设行业有关工程建筑物与工程设备保修范围与期限的具体规定。没有具体规定的，可参照类似工程建筑物与工程设备的保修范围与期限，在专用合同条款中另行约定。

20. 保险

20.1 工程保险

除专用合同条款另有约定外，承包人应以发包人和承包人的共同名义向双方同意的保险人投保建筑工程一切险、安装工程一切险。其具体的投保内容、保险金额、保险费率、保险期限等有关内容在专用合同条款中约定。

工程风险是承包人和发包人的共同风险，由双方共同投保为宜。建筑工程一切险可由承包人负责投保，亦可由发包人负责投保，可根据工程合同的具体情况确定。本合同第20.1款约定由承包人负责以发包人和承包人的共同名义投保建筑工程一切险，是考虑到承包人为建筑工程施工的最直接责任人。当一个建设项目分成多个合同，由几家承包人分别承包时，如由各家分别投保，可能产生重复投保或漏保。在此情况下由发包人投保为宜。如由发包人负责投保，应在专用合同条款中另行约定。

20.2 人员工伤事故的保险

20.2.1 承包人员工伤事故的保险

承包人应依照有关法律规定参加工伤保险，为其履行合同所雇佣的全部人员，缴纳工伤保险费，并要求其分包人也进行此项保险。

20.2.2 发包人员工伤事故的保险

发包人应依照有关法律规定参加工伤保险，为其现场机构雇佣的全部人员，缴纳工伤保险费，并要求其监理人也进行此项保险。

施工过程中，可能发生人员工伤事故，特别是高空作业和地下作业等更有危险性。《工伤保险条例》第 2 条规定，中华人民共和国境内的各类企业、有雇工的个体工商户应当依照本条例规定参加工伤保险，为本单位全部职工或者雇工缴纳工伤保险费。中华人民共和国境内的各类企业的职工和个体工商户的雇工，均有依照本条例的规定享受工伤保险待遇的权利。

20.3 人身意外伤害险

20.3.1 发包人应在整个施工期间为其现场机构雇用的全部人员，投保人身意外伤害险，缴纳保险费，并要求其监理人也进行此项保险。

20.3.2 承包人应在整个施工期间为其现场机构雇用的全部人员，投保人身意外伤害险，缴纳保险费，并要求其分包人也进行此项保险。

《建设工程安全生产管理条例》第 38 条规定，施工单位应当为施工现场从事危险作业的人员办理意外伤害保险。意外伤害保险费由施工单位支付。实行施工总承包的，由总承包单位支付意外伤害保险费。意外伤害保险期限自建设工程开工之日起至竣工验收合格止。

20.4 第三者责任险

20.4.1 第三者责任系指在保险期内，对因工程意外事故造成的、依法应由被保险人负责的工地上及毗邻地区的第三者人身伤亡、疾病或财产损失（本工程除外），以及被保险人因此而支付的诉讼费用和事先经保险人书面同意支付的其他费用等赔偿责任。

20.4.2 在缺陷责任期终止证书颁发前，承包人应以承包人和发包人的共同名义，投保第 20.4.1 项约定的第三者责任险，其保险费率、保险金额等有关内容在专用合同条款中约定。

承包人应以承包人和发包人的共同名义，投保在缺陷责任期终止证书颁发前，因履行合同在施工场地及其毗邻地带发生的第三者人员伤亡和财产损失的第三者责任险，其保险费率和保险金额在专用合同条款中约定。

20.5 其他保险

除专用合同条款另有约定外，承包人应为其施工设备、进场的材料和工程设备等办理保险。

（1）施工设备险与其他工程保险不同，由于发包人在施工设备险中只有间接风险，没有直接的可保权益，故由承包人以自己的名义负责投保为宜，保险的施工设备范围由承包人根据施工设备的损失和损坏对工程施工的影响程度等因素自行确定。承包人的进场材料和工程设备等，亦应由承包人办理保险。

（2）其他投保内容可由当事人在专用合同条款中约定。

20.6 对各项保险的一般要求

20.6.1 保险凭证

承包人应在专用合同条款约定的期限内向发包人提交各项保险生效的证据和保险单副本，保险单必须与专用合同条款约定的条件保持一致。

20.6.2 保险合同条款的变动

承包人需要变动保险合同条款时，应事先征得发包人同意，并通知监理人。保险人作出变动的，承包人应在收到保险人通知后立即通知发包人和监理人。

20.6.3 持续保险

承包人应与保险人保持联系，使保险人能够随时了解工程实施中的变动，并确保按保险合同条款要求持续保险。

20.6.4 保险金不足的补偿

保险金不足以补偿损失的，应由承包人和（或）发包人按合同约定负责补偿。

20.6.5 未按约定投保的补救

（1）由于负有投保义务的一方当事人未按合同约定办理保险，或未能使保险持续有效的，另一方当事人可代为办理，所需费用由对方当事人承担。

（2）由于负有投保义务的一方当事人未按合同约定办理某项保险，导致受益人未能得到保险人的赔偿，原应从该项保险得到的保险金应由负有投保义务的一方当事人支付。

20.6.6 报告义务

当保险事故发生时，投保人应按照保险单规定的条件和期限及时向保险人报告。

（1）承包人应向发包人提交各项保险生效的证据和保险单副本，其目的是为了核查其投保的各项保险是否符合合同约定，并作为审批支付保险专项费用的依据。发包人在审批保险专项费用时，还可要求承包人提交保险费的支付证据。

（2）承包人需要变动保险条款的（如保险项目增减、工程施工期限延长或缩短等变动），应及时通知保险人，办理变更手续，但在通知保险人前，应事先征得发包人同意，并通知监理人。当保险人需要变更保险条款时，承包人应在收到通知后立即通知发包人和监理人。

（3）未保险的和保险金不足以补偿损失的，应由承包人和发包人按专用合同条款的约定，按各自的义务和责任负责补偿。

（4）负有投保义务的一方未按合同约定办理某项保险，当事故发生时，可能得不到保险人的赔偿，此时应由责任方赔偿另一方的损失。

（5）当保险事故发生时，投保人应按照保险单的规定及时向保险人报告。

21. 不可抗力

21.1 不可抗力的确认

21.1.1 不可抗力是指承包人和发包人在订立合同时不可预见，在工程施工过程中不可避免发生并不能克服的自然灾害和社会性突发事件，如地震、海啸、瘟疫、水灾、骚乱、暴动、战争和专用合同条款约定的其他情形。

21.1.2 不可抗力发生后，发包人和承包人应及时认真统计所造成的损失，收集不可抗力造成损失的证据。合同双方对是否属于不可抗力或其损失的意见不一致的，由监理人按第3.5款商定或确定。发生争议时，按第24条的约定办理。

（1）工程遭遇本款第1项所列的不可抗力事件时，合同双方应共同调查确认不可抗力事件的性质及其受损害程度，并收集不可抗力造成损失的证明材料。

（2）若合同双方对不可抗力的认定，或对其损害程度的调查意见不一致时，可由监理人按第3.5款约定，与合同双方进行商定或确定，发生争议时按第24条办理。

21.2 不可抗力的通知

21.2.1 合同一方当事人遇到不可抗力事件，使其履行合同义务受到阻碍时，应立即通知合同另一方当事人和监理人，书面说明不可抗力和受阻碍的详细情况，并提供必要的证明。

21.2.2 如不可抗力持续发生，合同一方当事人应及时向合同另一方当事人和监理人提交中间报告，说明不可抗力和履行合同受阻的情况，并于不可抗力事件结束后28天内提交最终报告及有关资料。

（1）合同一方遇到不可抗力事件，使其履行合同义务受到阻碍时，应立即通知合同另一方和监理人，使合同双方均能迅速采取措施，减轻损失，并为监理人与合同双方处理不可抗力事件提供必要的证明材料。

（2）不可抗力持续发生的情况下，合同一方履行合同义务继续受阻，该方亦应通知合同另一方和监理人，并将受阻的记录和相关证明材料提供给监理人和合同另一方。

（3）不可抗力事件结束或即将结束时，受不可抗力阻碍影响严重的一方应尽快通知另一方和监理人，并在可能的情况下共同采取措施，尽快恢复履行合同义务。

21.3 不可抗力后果及其处理

21.3.1 不可抗力造成损害的责任

除专用合同条款另有约定外，不可抗力导致的人员伤亡、财产损失、费用增加和（或）工期延误等后果，由合同双方按以下原则承担：

（1）永久工程，包括已运至施工场地的材料和工程设备的损害，以及因工程损害造成的第三者人员伤亡和财产损失由发包人承担；

（2）承包人设备的损坏由承包人承担；

（3）发包人和承包人各自承担其人员伤亡和其他财产损失及其相关费用；

（4）承包人的停工损失由承包人承担，但停工期间应监理人要求照管工程和清理、修复工程的金额由发包人承担；

（5）不能按期竣工的，应合理延长工期，承包人不需支付逾期竣工违约金。发包人要求赶工的，承包人应采取赶工措施，赶工费用由发包人承担。

21.3.2 延迟履行期间发生的不可抗力

合同一方当事人延迟履行，在延迟履行期间发生不可抗力的，不免除其责任。

21.3.3 避免和减少不可抗力损失

不可抗力发生后，发包人和承包人均应采取措施尽量避免和减少损失的扩大，任何一方没有采取有效措施导致损失扩大的，应对扩大的损失承担责任。

21.3.4 因不可抗力解除合同

合同一方当事人因不可抗力不能履行合同的，应当及时通知对方解除合同。合同解除后，承包人应按照第 22.2.5 项约定撤离施工场地。已经订货的材料、设备由订货方负责退货或解除订货合同，不能退还的货款和因退货、解除订货合同发生的费用，由发包人承担，因未及时退货造成的损失由责任方承担。合同解除后的付款，参照第 22.2.4 项约定，由监理人按第 3.5 款商定或确定。

（1）在本合同条款中，由于自然条件造成工期延误或损失的情况分为三种，即第 4.11 款“不利物质条件”、第 11.4 款“异常恶劣的气候条件”和第 21 条的“不可抗力”。

（2）不可抗力是由合同双方均不能预见、不能避免、不能克服的客观原因引起的，其后果应由合同双方按照公平原则合理分担。

（3）第 21.3.1 项约定合同双方承担不可抗力后果的原则。免除了承包人因不可抗力导致的工期延误责任。但第 21.3.2 项约定由于承包人责任引起延误后的履行合同期间发生不可抗力的，不能免除其责任。

（4）第 21.3.3 项和第 21.3.4 项约定，在不可抗力发生后合同任一方没有采取有效措施的，应对扩大的损失承担责任；若不可抗力导致不能履行合同时，可以解除合同。

22. 违约

22.1 承包人违约

22.1.1 承包人违约的情形

在履行合同过程中发生的下列情况属承包人违约：

（1）承包人违反第 1.8 款或第 4.3 款的约定，私自将合同的全部或部分权利转让给其他人，或私自将合同的全部或部分义务转移给其他人；

（2）承包人违反第 5.3 款或第 6.4 款的约定，未经监理人批准，私自将已按合同约定进入施工场地的施工设备、临时设施或材料撤离施工场地；

（3）承包人违反第 5.4 款的约定使用了不合格材料或工程设备，工程质量达不到标准要求，又拒绝清除不合格工程；

（4）承包人未能按合同进度计划及时完成合同约定的工作，已造成或预期造成工期延误；

（5）承包人在缺陷责任期内，未能对工程接收证书所列的缺陷清单的内容或缺陷责任期内发生的缺陷进行修复，而又拒绝按监理人指示再进行修补；

（6）承包人无法继续履行或明确表示不履行或实质上已停止履行合同；

（7）承包人不按合同约定履行义务的其他情况。

22.1.2 对承包人违约的处理

（1）承包人发生第 22.1.1（6）目约定的违约情况时，发包人可通知承包人立即解除合同，并按有关法律处理。

（2）承包人发生除第 22.1.1（6）目约定以外的其他违约情况时，监理人可向承包人发出整改通知，要求其在指定的期限内改正。承包人应承担其违约所引起的费用增加和（或）工期延误。

（3）经检查证明承包人已采取了有效措施纠正违约行为，具备复工条件的，可由监理人签发复工通知复工。

22.1.3 承包人违约解除合同

监理人发出整改通知 28 天后，承包人仍不纠正违约行为的，发包人可向承包人发出解除合同通知。合同解除后，发包人可派员进驻施工场地，另行组织人员或委托其他承包人施工。发包人因继续完成该工程的需要，有权扣留使用承包人在现场的材料、设备和临时设施。但发包人的这一行动不免除承包人应承担的违约责任，也不影响发包人根据合同约定享有的索赔权利。

22.1.4 合同解除后的估价、付款和结清

（1）合同解除后，监理人按第 3.5 款商定或确定承包人实际完成工作的价值，以及承包人已提供的材料、施工设备、工程设备和临时工程等的价值。

（2）合同解除后，发包人应暂停对承包人的一切付款，查清各项付款和已扣款金额，包括承包人应支付的违约金。

（3）合同解除后，发包人应按第 23.4 款的约定向承包人索赔由于解除合同给发包人造成的损失。

（4）合同双方确认上述往来款项后，出具最终结清付款证书，结清全部合同款项。

（5）发包人和承包人未能就解除合同后的结清达成一致而形成争议的，按第 24 条的约定办理。

22.1.5　协议利益的转让

因承包人违约解除合同的，发包人有权要求承包人将其为实施合同而签订的材料和设备的订货协议或任何服务协议利益转让给发包人，并在解除合同后的 14 天内，依法办理转让手续。

22.1.6　紧急情况下无能力或不愿进行抢救

在工程实施期间或缺陷责任期内发生危及工程安全的事件，监理人通知承包人进行抢救，承包人声明无能力或不愿立即执行的，发包人有权雇佣其他人员进行抢救。此类抢救按合同约定属于承包人义务的，由此发生的金额和（或）工期延误由承包人承担。

（1）从广义上讲，承包人违反了合同任何一项条款的约定均属承包人违约。本款列举了承包人的主要违约行为，提示合同双方和监理人应及时采取措施予以纠正，避免问题积累造成合同履行的更大困难。

（2）出现承包人违约行为时，发包人一般不愿意为此立即中断施工和解除合同，总是希望承包人迅速改正违约行为，继续把工程进行下去。因此，本款规定除了个别确实无法继续履行合同的违约行为可立即解除合同外，对于承包人的其他违约行为，监理人应及时向承包人发出整改通知，要求其限期改正；承包人在收到整改通知 28 天后，仍不采取措施改正违约行为的，发包人才通知承包人解除合同。

（3）发包人正式通知承包人解除合同后，为尽量减少损失，发包人可尽快派员进驻施工场地，另行组织人员或委托其他承包人施工。为了不影响工程进度，发包人可扣留并使用承包人在现场的材料、设备和临时设施。

（4）合同解除后，合同双方应尽快进行结算，由监理人通过调查取证后，与发包人和承包人按第 22.1.4 项的约定进行估价和结算。估价的原则应是：

1）涉及解除合同前已发生的费用仍按原合同约定结算；

2）承包人应赔偿发包人因更换承包人所造成的损失；

3）发包人需要使用的原承包人材料、设备和临时设施的费用由监理人与合同双方商定或确定。

（5）因承包人违约解除合同后，将由发包人或发包人雇佣的其他承包人继续施工。为保证工程能顺利延续施工，承包人应按本款第 22.1.5 项约定，将在此之前为实施本合同与其他人签订的任何材料、设备和服务协议和利益，通过法律程序转让给发包人。

（6）在紧急情况下，发生危及工程和（或）人身的重大安全事故时，如承包人声明无能力或不愿立即执行监理人的指示进行抢救，发包人应按第 22.1.6 项的约定，采取紧急措施，雇佣其他人员进行抢救工作，以减少损失。但若此类工作属于承包人责任范围的，应由承包人承担由此发生的全部费用和（或）工期延误。

22.2 发包人违约

22.2.1 发包人违约的情形

在履行合同过程中发生的下列情形，属发包人违约：

（1）发包人未能按合同约定支付预付款或合同价款，或拖延、拒绝批准付款申请和支付凭证，导致付款延误的；

（2）发包人原因造成停工的；

（3）监理人无正当理由没有在约定期限内发出复工指示，导致承包人无法复工的；

（4）发包人无法继续履行或明确表示不履行或实质上已停止履行合同的；

（5）发包人不履行合同约定其他义务的。

22.2.2 承包人有权暂停施工

发包人发生除第 22.2.1（4）目以外的违约情况时，承包人可向发包人发出通知，要求发包人采取有效措施纠正违约行为。发包人收到承包人通知后的 28 天内仍不履行合同义务，承包人有权暂停施工，并通知监理人，发包人应承担由此增加的费用和（或）工期延误，并支付承包人合理利润。

22.2.3 发包人违约解除合同

（1）发生第 22.2.1（4）目的违约情况时，承包人可书面通知发包人解除合同。

（2）承包人按第 22.2.2 项暂停施工 28 天后，发包人仍不纠正违约行为的，承包人可向发包人发出解除合同通知。但承包人的这一行动不免除发包人承担的违约责任，也不影响承包人根据合同约定享有的索赔权利。

22.2.4 解除合同后的付款

因发包人违约解除合同的，发包人应在解除合同后 28 天内向承包人支付下列金额，承包人应在此期限内及时向发包人提交要求支付下列金额的有关资料和凭证：

（1）合同解除日以前所完成工作的价款；

（2）承包人为该工程施工订购并已付款的材料、工程设备和其他物品的金额。发包人付还后，该材料、工程设备和其他物品归发包人所有；

（3）承包人为完成工程所发生的，而发包人未支付的金额；

（4）承包人撤离施工场地以及遣散承包人人员的金额；

（5）由于解除合同应赔偿的承包人损失；

（6）按合同约定在合同解除日前应支付给承包人的其他金额。

发包人应按本项约定支付上述金额并退还质量保证金和履约担保，但有权要求承包人支付应偿还给发包人的各项金额。

22.2.5　解除合同后的承包人撤离

因发包人违约而解除合同后，承包人应妥善做好已竣工工程和已购材料、设备的保护和移交工作，按发包人要求将承包人设备和人员撤出施工场地。承包人撤出施工场地应遵守第18.7.1项的约定，发包人应为承包人撤出提供必要条件。

（1）对发包人违约的处理与承包人违约的处理程序相同，除了个别确实无法继续履行合同的违约行为需立即解除合同外，一般情况下，承包人可先向发包人发出通知，要求发包人采取有效措施纠正违约行为，若发包人在收到承包人通知后的28天内仍不履行合同义务，承包人有权按第22.2.2项的约定暂停施工。

（2）因发包人违约，承包人采取暂停施工措施，而发包人仍不改正，使承包人无法继续履行合同，承包人可按第22.2.3项的约定解除合同。

（3）由于发包人违约解除合同，应由发包人赔偿承包人的损失。承包人可要求发包人按第22.2.4项所列的款项支付价款，即除了有权得到合同解除日前所完成的工程价款和为了履约已发生的或需要支付的费用外，还应得到退场费和由于发包人违约造成承包人其他损失的赔偿。发包人除按本项约定支付上述金额外，应立即退还履约担保和质量保证金，承包人也应付清应偿还给发包人的各项金额。

22.3　第三人造成的违约

在履行合同过程中，一方当事人因第三人的原因造成违约的，应当向对方当事人承担违约责任。一方当事人和第三人之间的纠纷，依照法律规定或者按照约定解决。

因第三人原因造成合同任何一方违约的，根据合同相对性原则，应先由违约方向对方承担责任，违约方和第三人之间的纠纷，依照法律规定或约定解决。

23. 索赔

索赔是合同双方的权利。由于一方不履行或不完全履行合同义务而使另一方遭受损失时，受损方有权提出索赔要求。为提高处理索赔事件效率，防止索赔事件积压增加处理难度，本条约定由监理人按本合同条款第3.5款商定或确定赔付金额。监理人无法协调解决时，可按本合同条款第24条的约定，通过争议解决程序解决。

23.1　承包人索赔的提出

根据合同约定，承包人认为有权得到追加付款和（或）延长工期的，应按以下程序向发包人提出索赔：

（1）承包人应在知道或应当知道索赔事件发生后28天内，向监理人递交索赔意向通知书，并说明发生索赔事件的事由。承包人未在前述 28 天内发出索赔意向通知书的，丧失要求追加付款和（或）延长工期的权利；

（2）承包人应在发出索赔意向通知书后 28 天内，向监理人正式递交索赔通知书。索赔通知书应详细说明索赔理由以及要求追加的付款金额和（或）延长的工期，并附必要的记录和证明材料；

（3）索赔事件具有连续影响的，承包人应按合理时间间隔继续递交延续索赔通知，说明连续影响的实际情况和记录，列出累计的追加付款金额和（或）工期延长天数；

（4）在索赔事件影响结束后的 28 天内，承包人应向监理人递交最终索赔通知书，说明最终要求索赔的追加付款金额和延长的工期，并附必要的记录和证明材料。

（1）承包人有权根据本合同条款及有关法律、法规和规章的规定向发包人提出索赔。本款约定的承包人索赔程序，使发包人能及时采取措施消除或减轻索赔因素，尽量减少损失，并促使合同双方重视收集有关索赔事件的记录和证据，有利于双方根据索赔事件的真实情况协商解决。

（2）有些索赔事件的影响延续时间较长，承包人应按合理的时间间隔提交延续索赔通知和延续记录，以便发包人和监理人及时了解情况，妥善处理。

23.2　承包人索赔处理程序

（1）监理人收到承包人提交的索赔通知书后，应及时审查索赔通知书的内容、查验承包人的记录和证明材料，必要时监理人可要求承包人提交全部原始记录副本。

（2）监理人应按第 3.5 款商定或确定追加的付款和（或）延长的工期，并在收到上述索赔通知书或有关索赔的进一步证明材料后的 42 天内，将索赔处理结果答复承包人。

（3）承包人接受索赔处理结果的，发包人应在作出索赔处理结果答复后 28 天内完成赔付。承包人不接受索赔处理结果的，按第 24 条的约定办理。

（1）监理人收到承包人的索赔意向通知书后，应建立该索赔项目的档案，收集有关资料，认真研究和核查承包人提交的记录和证明材料，并可向承包人提出质疑，要求承包人限期答复。

（2）监理人处理索赔事件，应分清合同双方各自应负的责任，根据承包人提供的索赔资料，仔细分析双方的记录和证明材料，提出初步处理意见，与承包人和发包人商定或确定解决索赔事件的方案。

（3）若合同双方或其中一方不接受监理人的处理结果，可按第 24 条的约定办理。

23.3　承包人提出索赔的期限

23.3.1　承包人按第 17.5 款的约定接受了竣工付款证书后，应被认为已无权再提出在合同工程接收证书颁发前所发生的任何索赔。

23.3.2　承包人按第 17.6 款的约定提交的最终结清申请单中，只限于提出工程接收证书颁发后发生的索赔。提出索赔的期限自接受最终结清证书时终止。

约定索赔期限是为了规范索赔程序，及时处理好索赔。但在本合同条款范围内约定的索赔期限并不影响通过法律程序提出解决争议和索赔的权利。

23.4 发包人的索赔

23.4.1 发生索赔事件后，监理人应及时书面通知承包人，详细说明发包人有权得到的索赔金额和（或）延长缺陷责任期的细节和依据。发包人提出索赔的期限和要求与第 23.3 款的约定相同，延长缺陷责任期的通知应在缺陷责任期届满前发出。

23.4.2 监理人按第 3.5 款商定或确定发包人从承包人处得到赔付的金额和（或）缺陷责任期的延长期。承包人应付给发包人的金额可从拟支付给承包人的合同价款中扣除，或由承包人以其他方式支付给发包人。

在以往的合同条款中，通常不约定发包人的索赔，因为发包人有支付工程款的主动权，其遭受的损失可从支付给承包人的工程款中扣除，但发包人的扣款行为可能未经双方协商一致。为公平地处理合同双方之间的争议，本款约定了发包人与承包人平等的索赔权利，以及相同的索赔程序。

24. 争议的解决

24.1 争议的解决方式

发包人和承包人在履行合同中发生争议的，可以友好协商解决或者提请争议评审组评审。合同当事人友好协商解决不成、不愿提请争议评审或者不接受争议评审组意见的，可在专用合同条款中约定下列一种方式解决：

（1）向约定的仲裁委员会申请仲裁；

（2）向有管辖权的人民法院提起诉讼。

本款约定的争议解决方式有四种：一是友好协商，二是提请争议评审组评审，三是申请仲裁，四是向法院起诉。这四种方式，当事人可以任意选择。前两种方式以协商解决争议为目标，通过合同双方直接协商和（或）独立第三方的公正评审，妥善解决合同争议，但争议评审组的评审意见必须经合同双方一致同意才有效。仲裁和诉讼的选择应遵守法律规定的司法程序，选择仲裁的，不能再选择诉讼，未选择仲裁的，可以提出诉讼，当事人可在专用合同条款中约定。

24.2 友好解决

在提请争议评审、仲裁或者诉讼前，以及在争议评审、仲裁或诉讼过程中，发包人和承包人均可共同努力友好协商解决争议。

友好协商成本低、效率高，有利于促进和谐，提高争议解决效果，宜优先采用。

24.3 争议评审

24.3.1 采用争议评审的，发包人和承包人应在开工日后的 28 天内或在争议发生后，协商成立争议评审组。争议评审组由有合同管理和工程实践经验的专家组成。

24.3.2 合同双方的争议，应首先由申请人向争议评审组提交一份详细的评审申请报告，并附必要的文件、图纸和证明材料，申请人还应将上述报告的副本同时提交给被申请人和监理人。

24.3.3 被申请人在收到申请人评审申请报告副本后的 28 天内，向争议评审组提交一份答辩报告，并附证明材料。被申请人应将答辩报告的副本同时提交给申请人和监理人。

24.3.4 除专用合同条款另有约定外，争议评审组在收到合同双方报告后的 14 天内，邀请双方代表和有关人员举行调查会，向双方调查争议细节；必要时争议评审组可要求双方进一步提供补充材料。

24.3.5 除专用合同条款另有约定外，在调查会结束后的 14 天内，争议评审组应在不受任何干扰的情况下进行独立、公正的评审，作出书面评审意见，并说明理由。在争议评审期间，争议双方暂按总监理工程师的确定执行。

24.3.6 发包人和承包人接受评审意见的，由监理人根据评审意见拟定执行协议，经争议双方签字后作为合同的补充文件，并遵照执行。

24.3.7 发包人或承包人不接受评审意见，并要求提交仲裁或提起诉讼的，应在收到评审意见后的 14 天内将仲裁或起诉意向书面通知另一方，并抄送监理人，但在仲裁或诉讼结束前应暂按总监理工程师的确定执行。

（1）本款借鉴国际国内工程管理经验，引入了争议评审组评审的方式，通过一个完全独立于合同双方的专家组对合同争议的评审和调解，求得争议的公正解决。本款约定的争议评审不是解决争议的必经程序。有关争议评审组的组成和其他细节可在专用合同条款中补充约定。

（2）在争议评审、仲裁机构仲裁和法院诉讼期间，有关合同争议的处理尚未取得一致时，合同双方均应暂按监理人确定的意见执行。

第二节　专用合同条款

为便于行业主管部门和招标人编制招标文件和拟定合同，本部分对通用合同条款中规定需要在专用合同条款中明确的内容集中予以说明，用于补充和细化通用合同条款相关内容，供参考使用。

1.1 词语定义

1.1.2 合同当事人和人员

1.1.2.2 发包人：__________________________________

1.1.2.3 承包人：__________________________________

1.1.2.6 监理人：__________________________________

填写本工程的发包人、承包人、监理人名称。

1.1.3 工程和设备

1.1.3.2 永久工程：__________________________________

填写合同包括的永久工程的名称及其规模和范围，如升压变电站工程，不含变电设备安装。

1.1.3.3 临时工程：__________________________________

填写合同包括的临时工程及其范围，如施工供水工程、施工照明工程。

1.1.3.4 单位工程：__________________________________

填写合同包括的单位工程的名称及其范围，如 K0+000—K26+000 路面工程。

1.1.3.10 永久占地：__________________________________

填写为实施合同工程需要的永久占地范围，并附征地图纸。征地图纸上应标明占地界限和坐标。

1.1.3.11 临时占地：__________________________________

填写为实施合同工程需要临时占地的范围，包括图纸中可供承包人使用的临时占地范围，以及发包人为实施合同需要的临时占地范围。

1.1.4 日期

1.1.4.5 缺陷责任期：__________________________________

填写本工程的缺陷责任期限，具体期限可用 1 年或 12 个月表示。但缺陷责任期最长不超过 2 年。

1.4 合同文件的优先顺序：__________________________________

当事人可按本工程合同的具体情况，另行约定合同文件的优先顺序。

1.5 合同生效的条件：__________________________________

当事人可提出合同生效的附加条件，如需公证后方可生效等。

1.6 图纸和承包人文件

1.6.1 发包人提供图纸的期限、数量：__________________________________

填写发包人提供结构总图、施工图等各种类型图纸的期限和数量。

1.6.2　承包人提供的文件范围：________________________________

填写承包人提供的文件范围。

承包人提供文件的期限、数量：________________________________

填写承包人提供上述文件的期限和数量。

监理人批复承包人提供文件的期限：________________________________

填写监理人批复承包人提供上述文件的期限，如收到承包人提供的文件后 14 天。

1.6.3　监理人签发图纸修改的期限：________________________________

填写监理人签发图纸修改的期限，如不少于该项工作施工前 14 天。

1.7　联络

1.7.2　联络送达的期限：________________________________

当事人根据实际情况具体规定各类文件的送达时间、地点。

2. 发包人义务

2.3　提供施工场地

发包人提供施工场地和有关资料的时间：________________________________

填写发包人提供施工场地和有关资料的时间。施工场地可以分阶段提供，但为满足施工准备工程需要的施工用地应在发出开工通知前提供。施工场地有关资料的范围为工程地质图纸和报告、地下管线图等。

3. 监理人

3.1　监理人的职责和权力

3.1.1　须经发包人事先批准行使的权力：________________________________

填写监理人须经发包人批准才能行使的权力。

4. 承包人

4.1　承包人的一般义务

4.1.8　为他人提供方便

承包人为他人提供条件的内容：________________________________

填写承包人为他人提供条件的具体内容，如为其他承包人在使用施工用地、道路和其他公用设施等方面提供方便。

承包人为他人提供条件可能发生费用的处理方法：________________________________

填写承包人为他人提供条件可能发生费用的处理方法，如约定承包人为他人提供条件可能发生的费用均包含在签约合同价格中。

4.3.2 分包的内容

当事人约定某些非主体、非关键性工作分包给第三人：______________________

填写哪些工作分包给第三人，如约定临时施工道路、屋面防水工程、基坑开挖及其临时支护工程等由分包人实施。

4.11 不利物质条件

4.1.1 不利物质条件的范围：______________________

招标人依据行业管理规定和项目特点，填写不利物质条件的具体范围。

5. 材料和工程设备

5.1 承包人提供的材料和工程设备

5.1.1 承包人负责采购、运输和保管的材料、工程设备：______________________

填写由承包人负责采购、运输和保管的材料和工程设备。

5.1.2 承包人报送监理人审批的时间：______________________

填写承包人向监理人报送各类文件审批的时间，如年度材料采购计划、专项材料采购计划报送监理人审批的时限。

5.2 发包人提供的材料和工程设备

5.2.1 材料的名称、规格、数量和价格：______________________

材料的交货方式、地点和日期：______________________

工程设备的名称、规格、数量和价格：______________________

工程设备的交货方式、地点和日期：______________________

填写上述事项明细。

5.2.3 材料和工程设备的接收、运输与保管：______________________

发包人提供的材料和工程设备由发包人接收、运输和保管的，在此处直接填写发包人。

6. 施工设备和临时设施

6.1 承包人提供的施工设备和临时设施

6.1.2 发包人承担修建临时设施费用的范围：______________________

指明由发包人承担修建临时设施的项目及其范围，约定修建这些临时设施项目的费用由发包人承担。

临时占地的申请：________________________________

当事人约定由承包人办理申请手续的，此处填写承包人。

临时占地相关费用：________________________________

当事人约定由承包人承担临时占地相关费用的，此处填写承包人，并写明临时占地的范围和临时征地费用的额度，该费用应进入投标报价。

6.2 发包人提供的施工设备和临时设施

当事人列出发包人提供的施工设备和临时设施明细表，包括相关租赁费用（如有）。

7. 交通运输

7.1 道路通行权和场外设施

取得道路通行权、修建场外设施权的办理人：____________________

合同约定由承包人办理取得道路通行权与修建场外设施权时，此处填写承包人。

相关费用：________________________________

由承包人承担办理道路通行权与修建场外设施的相关费用的，此处填写承包人。

7.2 场内施工道路

7.2.1 临时道路和交通设施的修建、维护、养护和管理人：____________________

合同约定由发包人负责临时道路和交通设施的修建、维护、养护和管理的，此处填写发包人。

合同约定由承包人负责临时道路和交通设施的修建、维护、养护和管理的，此处填写承包人。临时道路和交通设施项目应列入工程量清单。

7.2.2 临时道路和交通设施相关费用的承担：____________________

合同约定由发包人承担临时道路和交通设施的修建、维护、养护和管理费用的，此处填写发包人，该费用不计入投标报价。

合同约定由承包人承担临时道路和交通设施的修建、维护、养护和管理费用的，此处填写承包人，该费用应计入投标报价。

7.4 超大件和超重件的运输

道路和桥梁临时加固改造费用和其他有关费用的承担：____________________

合同约定由发包人承担道路和桥梁临时加固改造费用和其他有关费用的，此处填写发包人，该费用不计入投标报价。

合同约定由承包人承担道路和桥梁临时加固改造费用和其他有关费用的，此处填写承包人，该费用应计入投标报价。

8. 测量放线

8.1 施工控制网

8.1.1 发包人提供测量基准点、基准线和水准点的期限：________________________

填写发包人向承包人提供测量基准点、基准线和水准点的期限，如开工前21天。

施工控制网的测设：________________________

合同约定由承包人测设施工控制网的，此处填写承包人。

合同约定由其他人测设施工控制网的，此处填写施工控制网的测设人。

报监理人审批施工控制网资料的期限：________________________

填写报监理人审批施工控制网资料的期限，如发出开工通知后3天。

9. 施工安全、治安保卫和环境保护

9.3 治安保卫

9.3.1 现场治安管理机构或联防组织的组建：________________________

合同约定由承包人与当地公安部门协商，在现场建立治安管理机构或联防组织的，此处填写承包人。

9.3.3 施工场地治安管理计划和突发治安事件紧急预案的编制：________________________

合同约定由承包人或发包人单独编制施工场地治安管理计划和突发治安事件紧急预案的，此处填写承包人或发包人。

10. 进度计划

10.1 合同进度计划

承包人编制施工方案的内容：________________________

填写需编制施工顺序和方法要点的分部、分项工程或工程部位的名称。

承包人报送施工进度计划和施工方案的期限：________________________

监理人批复施工进度计划和施工方案的期限：________________________

填写上述事项的具体期限。

11. 开工和竣工

11.4 异常恶劣的气候条件

异常恶劣的气候条件的范围：________________________

填写项目所在地异常恶劣的气候条件的具体范围：如 20 年一遇的最大降水（雪）量、最高（低）温度等。

11.5 承包人的工期延误

逾期竣工违约金的计算方法：________________

填写逾期竣工违约金的计算方法，如 5000 元/天或签约合同价的 0.2‰/天。

逾期竣工违约金的限额：________________

填写逾期竣工违约金的限额，如最高不超过签约合同价的 3%。

11.6 工期提前

提前竣工的奖励办法：________________

填写提前竣工的奖励办法，如按发包人取得实际效益的 20% 奖励。

12. 暂停施工

12.1 承包人暂停施工的责任

承包人承担暂停施工责任的其他情形：________________

填写通用合同条款第 12.1 款前 4 项以外的，由承包人承担暂停施工责任的其他情形。

13. 工程质量

13.2 承包人的质量检查

承包人提交工程质量保证措施文件的期限：________________

填写具体期限。

15. 变更

15.1 变更的范围和内容

变更的范围与内容：________________

填写本款第（1）～（5）项所列变更范围和内容的具体事项和界限，以及当事人约定的列入变更的其他情形。

15.3 变更程序

15.3.2 变更估价

承包人提交变更报价书的期限：________________

填写承包人提交变更报价书的具体期限，如约定承包人应在收到变更指示或变更意向书后的7天内，向监理人提交变更报价书。

监理人商定或确定变更价格的期限：________________________

如监理人应在收到承包人变更报价书后的7天内与承包人商定或确定变更价格。

15.4 变更的估价原则

变更估价的原则：________________________

填写变更估价的原则。

15.5 承包人的合理化建议

15.5.2 对承包人提出合理化建议的奖励方法：________________

填写对承包人提出合理化建议的具体奖励方法，如奖励节约成本的5%或增加收益的20%。

15.8 暂估价

15.8.1 发包人、承包人在采用招标方式选择供应商或分包人时的权利与义务：______

填写发包人、承包人在采用招标方式选择供应商或分包人时，合同双方权利义务的划分，如编制招标文件、组织招标、评标、确定中标人、合同谈判等事项及其相关费用的分担办法。

15.8.3 不属于依法必须招标的暂估价工程最终价格的估价人：__________

当事人可在此约定由发包人对不属于依法必须招标的暂估价工程最终价格进行估价的，此处填写发包人。

16. 价格调整

16.1 物价波动引起的价格调整

物价波动引起的价格调整方法：________________________

招标人根据项目具体特点和实际需要，填写具体的价格调整方法。

若合同约定采用固定价承包的或工期不超过12个月的，可约定不采用本款约定的价格调整方法；

若合同约定采用价格指数调整价格差额的，发包人和承包人应根据价格调整公式，按以下格式约定价格调整的因子及其权重，以共担价格风险的原则，得出公平、合理的实际价差近似值，作为价格调整后的合同支付价格。价格指数（或价格）与权重按下表填写：

价格指数（或价格）与权重表

工程名称：

名称		基本价格指数（或基本价格）		权重			价格指数来源（或价格来源）
		代号	指数值	代号	允许范围	投标单位建议值	
定值部分				A	—		
变值部分	人工费	F01		B1	__ 至__		
	水泥	F02		B2	__ 至__		
	钢筋	F03		B3	__ 至__		
	……	……		……			
合计						1.00	

注：1）定值权重、各可调因子及其变值权重的允许范围由发包人根据工程具体情况确定；

2）可调因子是指合同约定拟予调整价格的人工费、施工设备使用费、各项工程材料费等占合同价格主要部分的可调价格因子；

3）定值权重指合同价格中可不予调价的权重，变值权重指各可调价格因子的调价权重；

4）调价采用的基本价格指数（或价格）选用招标文件约定的基准日颁布的价格指数（或价格）作为调整价格的基准指数（或价格）；

5）计算价格调整差额时，若得不到付款日当天的价格指数（或价格）时，可暂用上一次付款日的价格指数（或价格），待相关日的价格指数（或价格）公布后再予修正。

若合同约定采用造价信息调整价格差额的，应按通用合同条款第 16.1.2 项的约定，填写当地建设主管部门的名称，或其授权的工程造价管理机构的名称。

17. 计量与支付

17.1 计量

17.1.3 计量周期

本合同的计量周期：________________

填写单价子目或总价子目的计量周期，如单价子目按月计量，总价子目按照工程形象进度计量。

17.1.5 总价子目的计量

总价子目的计量方法：________________

填写总价子目的计量方法，如按监理人批准的各阶段工程形象目标进行计量。

17.2 预付款

17.2.1 预付款

预付款额度和预付方法：____________________

填写发包人向承包人预付工程款的额度和预付方法，如预付款为签约合同价的 10%，合同签订后 28 天内支付。

17.2.2 预付款保函

预付款保函的提交时间：____________________

当事人约定预付款保函提交时间与收到预付款时间不一致，填写上述内容。如承包人应在收到预付款 7 天前向发包人提交预付款保函。

17.2.3 预付款的扣回与还清

预付款的扣回办法：____________________

填写扣回预付款的时间、额度，如每次在支付进度应付款中等额扣回，直至全部扣清为止。

17.3 进度款

17.3.2 进度付款申请单

进度付款申请单的份数：____________________

填写需要提交进度付款单的份数。

进度付款申请单的内容：____________________

填写付款申请单内容，如包括以下内容：（1）付款次数或编号；（2）截至本次付款周期末已实施工程的价款；（3）变更金额；（4）索赔金额；（5）本次应支付的预付款和（或）应扣减的返还预付款；（6）本次扣减的质量保证金；（7）根据合同应增加和扣减的其他金额。

17.3.3 进度付款证书和支付时间

发包人逾期支付进度款时违约金的计算及支付方法：____________________

填写发包人逾期支付进度款时违约金的计算及支付方法，如约定支付本金和中国人民银行公布的隔夜拆借银行贷款利息，在下一次支付进度付款时一并支付。

发包人在承包人发出要求支付逾期付款违约金后 28 天内仍不支付的，承包人有权暂停施工。暂停施工 28 天内发包人仍不支付进度款，承包人可有权解除合同，并提出索赔。

政府投资进度款支付方法：____________________

涉及政府投资进度款支付的，应执行财政部国库集中支付的相关规定。发包人的约定应与财政部国库集中支付相关规定相衔接，并应同时满足合同支付要求。

17.4 质量保证金

17.4.1 质量保证金的金额或比例：____________________

填写质量保证金的具体金额或占签约合同价的比例。

质量保证金的扣留方法：____

填写质量保证金的扣留方法，如在每次进度付款中按10%扣留，直至签约合同价5%。

17.5 竣工结算

17.5.1 竣工付款申请单

竣工付款申请单的份数和提交期限：________________________________

填写竣工付款申请单的份数和向监理人提交申请单的期限，如约定在工程接收证书颁发后14天内提交5份竣工付款申请单。

竣工付款申请单的内容：____

填写竣工付款申请的内容，如竣工结算合同总价、已支付的工程价款、应扣回的预付款、应扣留的质量保证金、应支付的竣工付款金额等。

17.6 最终结清

17.6.1 最终结清申请单

最终结清申请单的份数和提交期限：________________________________

填写最终结清申请单的份数和向监理人提交申请单的期限，如约定在缺陷责任期终止证书颁发后28天内提交5份最终结清申请单。

18. 竣工验收

18.2 竣工验收申请报告

竣工资料内容：____

竣工资料份数：____

18.3 验收

18.3.5 实际竣工日期：____

填写实际竣工日期，如合同约定经验收合格工程的实际竣工日期以验收合格日为准，则在工程接收证书中写明验收合格日为实际竣工日期。

18.5 施工期运行

18.5.1 需要施工期运行单位工程或工程设备：____________________

填写需要施工期运行的某项或某几项单位工程或工程设备明细。

18.6 试运行

18.6.1 试运行的组织及费用承担：______________________________

如果合同约定由发包人组织和承担费用，填写发包人。

18.7 竣工清场

18.7.1 竣工清场：____

如果合同约定由承包人以外的第三人组织竣工清场，此处填写第三人名称，应说明相关费用从承包人的竣工结算款中扣除。

18.8 施工队伍的撤离

施工人员、施工设备及其临时工程撤离的要求：________________________

填写缺陷责任期满后，承包人全部撤离施工人员、施工设备及其临时工程的时间。

承包人在缺陷责任期满后，要求部分人员和施工设备仍留在场内的，承包人应提交其留场人员和设备的明细表及最后撤离时间。延后撤离造成发包人增加的费用，应由承包人承担。

19. 缺陷责任与保修责任

19.7 保修责任

工程质量保修范围、期限和责任：________________________________

填写工程质量保修范围、期限和责任，注意应不低于法律规定的标准。

20. 保险

20.1 工程保险

投保人：____

如当事人约定发包人和承包人以双方名义投保的，或由发包人和承包人分别投保的，应在此填写相应的投保人。

投保内容：____

填写具体投保标的和责任范围。投保的标的，如道路工程、灌溉工程、建筑工程等；责任范围应包括保险责任和责任免除范围。

保险金额、保险费率和保险期限：______________________________

填写具体的保险金额、保险费率和保险期限。

20.4 第三者责任险

第三者责任险的保险费率：____________________________________

第三者责任险的保险金额：____________________________________

20.5 其他保险

需要投保其他内容、保险金额、费率及期限等：________________________

填写当事人约定的其他投保险种，为建筑工程质量、施工设备、进场材料和工程设备等提供的投保内容、保险金额、费率及期限等。

20.6 对各项保险的一般要求

20.6.1 保险凭证

保险条件：______

承包人提交保险凭证的期限：______

20.6.4 对各项保险的一般要求

保险金不足以补偿损失时，应由承包人和（或）发包人负责补偿的范围与金额：______

填写承包人和（或）发包人负责补偿的具体范围和金额，如永久工程损失保险赔偿与实际损失的差额由发包人补偿，临时工程、施工设备和施工人员损失保险赔偿与实际损失的差额由承包人补偿。

21. 不可抗力

21.1 不可抗力的确认

不可抗力的范围：______

填写不可抗力范围和条件。

21.3 不可抗力后果及其处理

21.3.1 不可抗力造成损害的责任

不可抗力导致的人员伤亡、财产损失、费用增加和（或）工期延误有合同双方按以下方法承担：______

如当事人对不可抗力导致的人员伤亡、财产损失、费用增加和（或）工期延误等后果的承担作出不同约定的，在此处填写具体约定内容。

24. 争议的解决

24.1 争议的解决方式

争议的解决方式：______

填写当事人约定的一种争议解决方式。注意仲裁和诉讼二者只能取一。同时需要注意的是，按照仲裁法第十六条的规定，应约定具体的仲裁委员会，并签订仲裁协议，以免使仲裁条款的约定无效。

第三节　合同附件格式

附件一：合同协议书

合同协议书

_______（发包人名称，以下简称“发包人”）为实施________________________（项目名称），已接受________（承包人名称，以下简称“承包人”）对该项目_____标段施工的投标。发包人和承包人共同达成如下协议。

1. 本协议书与下列文件一起构成合同文件：

（1）中标通知书；

（2）投标函及投标函附录；

（3）专用合同条款；

（4）通用合同条款；

（5）技术标准和要求；

（6）图纸；

（7）已标价工程量清单；

（8）其他合同文件。

2. 上述文件互相补充和解释，如有不明确或不一致之处，以合同约定次序在先者为准。

3. 签约合同价：人民币（大写）__________元（¥_________）。

4. 承包人项目经理：________________。

5. 工程质量符合_____________标准。

6. 承包人承诺按合同约定承担工程的实施、完成及缺陷修复。

7. 发包人承诺按合同约定的条件、时间和方式向承包人支付合同价款。

8. 承包人应按照监理人指示开工，工期为____日历天。

9. 本协议书一式_____份，合同双方各执一份。

10. 合同未尽事宜，双方另行签订补充协议。补充协议是合同的组成部分。

发包人：__________________（盖单位章）

法定代表人或其委托代理人：____（签字）

_____年_____月_____日

承包人：__________________（盖单位章）

法定代表人或其委托代理人：_____（签字）

_____年_____月_____日

附件二：履约担保格式

履 约 担 保

____________________（发包人名称）：

鉴于______________（发包人名称，以下简称"发包人"）接受 ______（承包人名称）（以下称"承包人"）于___年___月___日参加________（项目名称）_________标段施工的投标。我方愿意无条件地、不可撤销地就承包人履行与你方订立的合同，向你方提供担保。

1. 担保金额人民币（大写）________________元（¥____________）。

2. 担保有效期自发包人与承包人签订的合同生效之日起至发包人签发工程接收证书之日止。

3. 在本担保有效期内，因承包人违反合同约定的义务给你方造成经济损失时，我方在收到你方以书面形式提出的在担保金额内的赔偿要求后，在 7 天内无条件支付。

4. 发包人和承包人按《通用合同条款》第 15 条变更合同时，我方承担本担保规定的义务不变。

担 保 人：______________________（盖单位章）

法定代表人或其委托代理人：___________（签字）

地　　址：________________________________

邮政编码：________________________________

电　　话：________________________________

传　　真：________________________________

_____年_____月_____日

附件三：预付款担保格式

预付款担保

____________________（发包人名称）：

根据________（承包人名称）（以下称“承包人”）与______________（发包人名称）（以下简称“发包人”）于_____ 年____月____日签订的________（项目名称）________ 标段施工承包合同，承包人按约定的金额向发包人提交一份预付款担保，即有权得到发包人支付相等金额的预付款。我方愿意就你方提供给承包人的预付款提供担保。

1. 担保金额人民币（大写）______________ 元（¥____________）。

2. 担保有效期自预付款支付给承包人起生效，至发包人签发的进度付款证书说明已完全扣清止。

3. 在本保函有效期内，因承包人违反合同约定的义务而要求收回预付款时，我方在收到你方的书面通知后，在 7 天内无条件支付。但本保函的担保金额，在任何时候不应超过预付款金额减去发包人按合同约定在向承包人签发的进度付款证书中扣除的金额。

4. 发包人和承包人按《通用合同条款》第 15 条变更合同时，我方承担本保函规定的义务不变。

担 保 人：________________________（盖单位章）

法定代表人或其委托代理人：___________（签字）

地　　址：________________________________

邮政编码：________________________________

电　　话：________________________________

传　　真：________________________________

_____年_____月_____日

第五章　工程量清单

工程量清单是表现拟建工程实体性项目和非实体性项目名称和相应数量的明细清单，以满足工程项目具体量化和计量支付的需要。本章分为四节内容，分别是第 1 节“工程量清单说明”、第 2 节“投标报价说明”、第 3 节“其他说明”和第 4 节“工程量清单”。其中，前三节均是说明性内容，为解读和使用第 4 节的内容服务。第 4 节提供的是系列表格。这些表格包括工程量清单表、计日工表、暂估价表、投标报价汇总表、工程量清单单价分析表。这些内容是参考性的。根据 56 号令，工程量清单由招标人根据工程量清单的国家标准、行业标准,以及行业标准施工招标文件（如有）、招标项目具体特点和实际需要编制。

目前，我国已发布《建设工程工程量清单计价规范》(GB 50500-2003）和《水利工程工程量清单计价规范》(GB 50501-2007)。一些行业虽然还未制定标准，但也制定了配套使用的工程量清单，如交通部公路工程定额站印发的《公路工程工程量清单计量规则》。

行业主管部门编制行业标准施工招标文件以及招标人编制具体招标项目招标文件时，可以根据行业特点和招标项目的具体特点和实际需要进行适用性调整。“工程量清单”中所使用的术语与《标准文件》“投标人须知”、“评标办法”、“通用合同条款”是相互衔接的，“工程量清单”的内容也反映了“通用合同条款”的要求。“投标人须知”、“评标办法”、“通用合同条款”均属于不可修改的部分，其中的术语、要求反映的内容以及必要的结构形式应当遵照沿用。这类术语包括计日工、暂估价、暂列金额等。而结构形式方面主要是指“通用合同条款”第 15.8 款中涉及的对暂估价的分类，工程量清单中需要用独立的清单分别列出材料暂估价、工程设备暂估价、专业工程暂估价。

工程量清单计价是以工程量清单作为投标人投标价格和合同协议书签订时合同价格的唯一载体，在合同协议书签订时，已标价的工程量清单的全部或者绝大部分内容被赋予合同约束力。工程量清单计价的适用性不受合同形式的影响。实践中常见的单价合同和总价合同两种主要合同形式，均可以采用工程量清单计价，区别仅在于工程量清单中所填写的工程量的合同约束力。采用单价合同形式时，工程量清单是合同文件必不可少的组成内容，其中的工程量一般具备合同约束力，工程款结算时按照实际发生的工程量进行调整。对总价合同形式，工程量清单中的工程量不具备合同约束力，工程量以合同图纸的标示内容为准，工程量以外的其他内容一般均赋予合同约束力，以方便合同变更的计量和计价。

1. 工程量清单说明

1.1　本工程量清单是根据招标文件中包括的、有合同约束力的图纸以及有关工程量清单的国家标准、行业标准、合同条款中约定的工程量计算规则编制。约定计量规则中没有的子目，其工程量按照有合同约束力的图纸所标示尺寸的理论净量计算。计量采用中华人民共和国法定计量单位。

1.2　本工程量清单应与招标文件中的投标人须知、通用合同条款、专用合同条款、技术标准和要求及图纸等一起阅读和理解。

1.3　本工程量清单仅是投标报价的共同基础，实际工程计量和工程价款的支付应遵循合同条款的约定和第七章“技术标准和要求”的有关规定。

1.4　补充子目工程量计算规则及子目工作内容说明：____________________________。

本款补充内容说明是为了解决招标文件所约定的国家或行业标准工程量计算规则中没有的子目，或者为方便计量而对所约定的工程量清单中规定的若干子目进行适当拆分或者合并问题。在使用《标准施工招标文件》时，应当约定采用国家或行业标准的某一工程量计算规则。如果没有国家或行业标准，该款应扩展为工程量清单中常见的“×××工程量计算规则及子目工作内容说明”，且作为工程量清单的一个相对独立的组成部分。

如：1.4　补充子目工程量计算规则及子目工作内容说明

本工程适用《建设工程工程量清单计价规范》（GB 50500-2003），现浇混凝土模板列入分部分项工程量清单，其工程量计算规则和子目工作内容如下：

<table>
<tr><th>编码</th><th>子目名称</th><th>子目特征</th><th>计量单位</th><th>计 算 规 则</th><th>工 作 内 容</th></tr>
<tr><td>F01</td><td>基础侧模</td><td>构件位置、构件尺寸、形状</td><td>m^2</td><td>1. 除非另有说明，模板工程量按在浇注过程中需临时支撑的结构构件的混凝土接触面积计算；
2. 弧型构件应给出弧度的半径；
3. 不扣除地梁通过部分的面积</td><td rowspan="2">1. 包括提供并安装模板体系中的支撑、加固、与混凝土接触的面板、背板、填缝、脱模剂等全部工作；
2. 包括为适应突出的管道、钢筋或类似物体而作出的必要调整工作；
3. 包括为适应孔洞、突起等因素而作出的必要调整工作</td></tr>
<tr><td>F08</td><td>板底模</td><td>构件位置、板厚、形状</td><td>m^2</td><td>1. 除非另有说明，模板工程量按在浇注过程中需临时支撑的结构构件的混凝土接触面积计算；
2. 弧型构件应给出弧度的半径；
3. 不扣除≤$5m^2$的孔洞面积；
4. 板侧面积如实计量并纳入计量面积</td></tr>
<tr><td colspan="2">（其他略）</td><td></td><td></td><td></td><td></td></tr>
</table>

子目工作内容说明，可将一些具有共性的内容提取出来集中列示，有利于避免分部分项工程量清单中出现过多的乃至重复的文字说明。

2. 投标报价说明

2.1 工程量清单中的每一子目须填入单价或价格，且只允许有一个报价。

2.2 工程量清单中标价的单价或金额，应包括所需人工费、施工机械使用费、材料费、其他（运杂费、质检费、安装费、缺陷修复费、保险费，以及合同明示或暗示的风险、责任和义务等），以及管理费、利润等。

本款所定义的子目单价组成包括人工费、施工机械使用费、材料费、其他费用（运杂费、质检费、安装费、缺陷修复费、保险费、合同明示或者暗示的风险、责任和义务等，以及管理费、利润等，规费和税金等不可竞争的费用不包括在子目单价中。

需要注意的是，目前在水利水电、公路、航道港口等工程项目中实行的工程量清单单价，以及国际工程项目上通行的工程量清单综合单价，一般是指全包括的综合单价。按照本章“投标报价汇总表”，在投标报价、进度款支付和工程款结算时，先根据工程量清单计算出清单项目的工程量合价总额（或者当期完成的工作量）后，再计算其相应的税金和规费。

措施项目与其他项目费用，是否分摊到分部分项工程的子目单价中，涉及工程量清单的子目列项和表现形式，可以在行业标准施工招标文件或招标人编制的招标文件中明确。

2.3 工程量清单中投标人没有填入单价或价格的子目，其费用视为已分摊在工程量清单中其他相关子目的单价或价格之中。

2.4 暂列金额的数量及拟用子目的说明：______________________________

暂列金额如何计入投标总价，涉及暂列金额的构成。对房屋建筑工程项目而言，工程量清单中列出的暂列金额包括了除规费和税金以外的管理费、利润等取费。不同行业或具体项目中暂列金额的组成，以及规费和税金的计列方式等，需要与《标准施工招标文件》相衔接。

拟用子目是指合同协议书签订时仍无法确定但可能要做的工作，并不一定要列全，也不表示只能用于所列出的子目，只需要列出主要的、可能要发生的子目。但无论如何，暂列金额的再分和合并，都不应导致承包人额外的负担。

如：2.4 暂列金额的数量及拟用子目的说明

本工程量清单中给出的暂列金额及拟用子目如下表。除计日工外，投标人只需要直接将工程量清单中所列的暂列金额纳入投标总价，并且不需要在工程量清单中所列的暂列金额以外再考虑任何其他费用。

序号	项 目 名 称	计量单位	暂列金额（元）	备注
1	图纸中已经标明可能位置，但未最终确定是否需要的主入口处的钢结构雨棚工程（包括钢结构的深化设计、加工、制作、吊装、安装、防火涂料涂敷、防锈处理、检测、与钢筋混凝土结构的连接和锚固以及附着在钢结构上的所有装饰装修做法等）的供应和安装工作	项	1500000	
……	……	……	……	……
……	计日工	项	由投标人填报	子目明细见表 4.2
	暂列金额合计			
说明：投标人应将上述暂列金额计入投标总价中。				

上述的暂列金额，尽管包含在投标总价中（所以也将包含在中标人的合同总价中），但并不属于承包人所有和支配，是否属于承包人所有受合同约定的结算或支付程序制约。

以房屋建筑工程为例，如果在合同履行过程中，入口钢结构雨棚确定要实施，由发包人和承包人按照合同约定选择专业分包人负责完成。

2.5　暂估价的数量及拟用子目的说明：________________________________

暂估价数量和拟用子目应当结合“工程量清单”的“暂估价表”给予补充说明，如果暂估价表已包括拟用子目的说明，此处没必要做重复说明，只需提醒投标人暂估价的价格组成及与投标报价的关系。如果暂估价表中没有包括拟用子目的说明，可以在此处说明。如：

（1）材料、工程设备暂估价说明

材料、工程设备的暂估价仅指此类材料、工程设备本身运至指定地点的价格，不包括这些材料、工程设备的安装、安装所必须的辅助材料、驻厂监造以及发生在现场内的验收、存储、保管、开箱、二次倒运、从存放地点运至安装地点以及其他任何必要的辅助工作所发生的费用，这些费用已经包括在投标价格中并且固定包死。

（2）专业工程暂估价说明

专业工程暂估价项目及其暂估价清单见表 4.3.3。表 4.3.3 中列明的专业工程暂估价，是指分包人实施专业分包工程所有供应、安装、完工、调试、修复缺陷等全部工作费用，包括管理费和利润，不包括税金和规费。除了合同约定的承包人应承担的总包管理、协调、配合和服务责任所对应的费用以外，承包人为履行其总包管理、配合、协调和服务等所需发生的费用已经包括在投标价格中并且固定包死。

3. 其他说明

“其他说明”一节可以纳入招标人认为有助于投标人正确解读工程量清单和准备有竞争力报价的有关内容。如对招标范围的详细界定、工程量清单组成介绍、工程概况等，以及招标文件其他部分指明应在“工程量清单”中说明的其他事项。

4. 工程量清单

关于工程量清单表，《标准施工招标文件》给出的是几个通用表格，具体到招标项目时，工程量清单表的具体表现形式应当按照国家或行业标准进行细化。

4.1 工程量清单表

____________（项目名称）____________标段

序号	编码	子目名称	内 容 描 述	单位	数量	单价	合价
本页报价合计：__________							

本表内容描述一般包括：涉及计量、结构要求、材料要求、安装方式等内容。工程量清单与工程量计算规则、工作内容有一一对应的关系，如招标人在工程量清单中采用国家或行业标准，工程内容已有规定，则无须在本表中进行内容描述。

4.2 计日工表

4.2.1 劳务

编号	子目名称	单位	暂定数量	单价	合价
劳务小计金额：__________ （计入"计日工汇总表"）					

4.2.2 材料

编号	子目名称	单位	暂定数量	单价	合价
材料小计金额：__________ （计入"计日工汇总表"）					

4.2.3 施工机械

编号	子目名称	单位	暂定数量	单价	合价
施工机械小计金额：__________ （计入"计日工汇总表"）					

4.2.4 计日工汇总表

名称	金　额	备注
劳务		
材料		
施工机械		
计日工总计： （计入"投标报价汇总表"）		

计日工是为了解决现场发生的零星工作的计价而设立的，以完成零星工作所消耗的人工工时、机械台班、材料数量进行计量，并按照计日工表中填报的适用子目的单价进行计价支付。为了获得合理的计日工单价，计日工表中一定要给出暂定数量，并且需要根据经验，尽可能估算一个比较贴近实际的数量。

4.3 暂估价表

4.3.1 材料暂估价表

序号	名称	单位	数量	单价	合价	备注

4.3.2 工程设备暂估价表

序号	名称	单位	数量	单价	合价	备注

4.3.3 专业工程暂估价表

序号	专业工程名称	工程内容	金额
小计：			

4.4 投标报价汇总表

______________（项目名称）______________标段

汇总内容	金额	备注
……		
……		
……		
……		
……		
……		
……		
……		
……		
……		
……		
……		
……		
……		
……		
……		
清单小计 A		
包含在清单小计中的材料、工程设备暂估价 B		
专业工程暂估价 C		
暂列金额 E		
包含在暂列金额中的计日工 D		
暂估价 F=B+C		
规费 G		
税金 H		
投标报价 P=A+C+E+G+H		

投标报价汇总表与投标函中投标报价金额应当一致。需要注意的是，材料、工程设备的暂估价已包括在清单小计中、计日工已包括在暂列金额中，不应重复计入投标报价。

4.5 工程量清单单价分析表

序号	编码	子目名称	人工费			材料费						机械使用费	其他	管理费	利润	单价
						主材										
			工日	单价	金额	主材耗量	单位	单价	主材费	辅材费	金额					

工程量清单单价分析表是评标委员会评审和判别单价组成和价格完整性和合理性的主要基础，对合同条款第 15.4.2 款类似子目的变更计价也是必不可少的基础。该分析表所载明的价格数据对投标人有约束力。

第　二　卷

第六章　图　　　纸

1. 图纸目录

序号	图名	图号	版本	出图日期	备注

2. 图纸

第 三 卷

第七章　技术标准和要求

第 四 卷

第八章　投标文件格式

__________（项目名称）__________标段施工招标

投　标　文　件

投标人：______________________________（盖单位章）

法定代表人或其委托代理人：________________（签字）

_____年_____月_____日

目　　录

一、投标函及投标函附录

（一）投　标　函

____________________（招标人名称）：

1. 我方已仔细研究了__________（项目名称）_____标段施工招标文件的全部内容，愿意以人民币（大写）_________元（¥___________）的投标总报价，工期__________ 日历天，按合同约定实施和完成承包工程，修补工程中的任何缺陷，工程质量达到__________ 。

2. 我方承诺在投标有效期内不修改、撤销投标文件。

3. 随同本投标函提交投标保证金一份，金额为人民币（大写）________元（¥______ ）。

4. 如我方中标：

（1）我方承诺在收到中标通知书后，在中标通知书规定的期限内与你方签订合同。

（2）随同本投标函递交的投标函附录属于合同文件的组成部分。

（3）我方承诺按照招标文件规定向你方递交履约担保。

（4）我方承诺在合同约定的期限内完成并移交全部合同工程。

5. 我方在此声明，所递交的投标文件及有关资料内容完整、真实和准确，且不存在第二章“投标人须知”第 1.4.3 项规定的任何一种情形。

6. ________________________________（其他补充说明）。

投 标 人：____________________（盖单位章）

法定代表人或其委托代理人：____________（签字）

地　　址：______________________________

网　　址：______________________________

电　　话：______________________________

传　　真：______________________________

邮政编码：______________________________

_____年_____月_____日

（二）投标函附录

序号	条款名称	合同条款号	约定内容	备注
1	项目经理	1.1.2.4	姓名：____________	
2	工期	1.1.4.3	天数：________日历天	
3	缺陷责任期	1.1.4.5		
4	分包	4.3.4		
5	价格调整的差额计算	16.1.1	见价格指数权重表	
……	……	……	……	
……	……	……	……	

价格指数权重表

<table>
<tr><td colspan="2" rowspan="2">名　称</td><td colspan="2">基本价格指数</td><td colspan="3">权　　　重</td><td rowspan="2">价格指数来源</td></tr>
<tr><td>代号</td><td>指数值</td><td>代号</td><td>允许范围</td><td>投标人建议值</td></tr>
<tr><td colspan="2">定值部分</td><td></td><td></td><td>A</td><td></td><td></td><td></td></tr>
<tr><td rowspan="6">变值部分</td><td>人工费</td><td>F_{01}</td><td></td><td>B_1</td><td>__ 至__</td><td></td><td></td></tr>
<tr><td>钢材</td><td>F_{02}</td><td></td><td>B_2</td><td>__ 至__</td><td></td><td></td></tr>
<tr><td>水泥</td><td>F_{03}</td><td></td><td>B_3</td><td>__ 至__</td><td></td><td></td></tr>
<tr><td>……</td><td>……</td><td></td><td>……</td><td>……</td><td></td><td></td></tr>
<tr><td></td><td></td><td></td><td></td><td></td><td></td><td></td></tr>
<tr><td></td><td></td><td></td><td></td><td></td><td></td><td></td></tr>
<tr><td colspan="6">合　　　计</td><td>1.00</td><td></td></tr>
</table>

二、法定代表人身份证明

投标人名称：____________________________

单位性质：______________________________

地址：__________________________________

成立时间：________ 年______ 月______ 日

经营期限：______________________________

姓名：___________ 性别：_____________ 年龄：____________职务：___________

系_________________________（投标人名称）的法定代表人。

特此证明。

投标人：__________（盖单位章）

________年_______月_______日

二、授权委托书

本人______（姓名）系________（投标人名称）的法定代表人，现委托________（姓名）为我方代理人。代理人根据授权，以我方名义签署、澄清、说明、补正、递交、撤回、修改__________（项目名称）__________标段施工投标文件、签订合同和处理有关事宜，其法律后果由我方承担。

委托期限：____________。

代理人无转委托权。

附：法定代表人身份证明

投　标　人：____________________（盖单位章）

法定代表人：________________________（签字）

身份证号码：________________________________

委托代理人：________________________（签字）

身份证号码：________________________________

_____年_____月_____日

三、联合体协议书

_______（所有成员单位名称）自愿组成______（联合体名称）联合体，共同参加_____（项目名称）______标段施工投标。现就联合体投标事宜订立如下协议。

1. _______（某成员单位名称）为_____（联合体名称）牵头人。

2. 联合体牵头人合法代表联合体各成员负责本招标项目投标文件编制和合同谈判活动，并代表联合体提交和接收相关的资料、信息及指示，并处理与之有关的一切事务，负责合同实施阶段的主办、组织和协调工作。

3. 联合体将严格按照招标文件的各项要求，递交投标文件，履行合同，并对外承担连带责任。

4. 联合体各成员单位内部的职责分工如下：________________ 。

5. 本协议书自签署之日起生效，合同履行完毕后自动失效。

6. 本协议书一式___份，联合体成员和招标人各执一份。

注：本协议书由委托代理人签字的，应附法定代表人签字的授权委托书。

牵头人名称：________________________________（盖单位章）

法定代表人或其委托代理人：______________________（签字）

成员一名称：________________________________（盖单位章）

法定代表人或其委托代理人：______________________（签字）

成员二名称：________________________________（盖单位章）

法定代表人或其委托代理人：______________________（签字）

……

_____年_____月_____日

四、投标保证金

__________________（招标人名称）：

鉴于_______（投标人名称）（以下称“投标人”）于____年___月___日参加_________（项目名称）_________标段施工的投标，________（担保人名称，以下简称“我方”）无条件地、不可撤销地保证：投标人在规定的投标文件有效期内撤销或修改其投标文件的，或者投标人在收到中标通知书后无正当理由拒签合同或拒交规定履约担保的，我方承担保证责任。收到你方书面通知后，在7日内无条件向你方支付人民币（大写）_________元。

本保函在投标有效期内保持有效。要求我方承担保证责任的通知应在投标有效期内送达我方。

担保人名称：______________________（盖单位章）

法定代表人或其委托代理人：____________（签字）

地　　址：___________________________________

邮政编码：___________________________________

电　　话：___________________________________

传　　真：___________________________________

_____年_____月_____日

五、已标价工程量清单

六、施工组织设计

1. 投标人编制施工组织设计的要求：编制时应采用文字并结合图表形式说明施工方法；拟投入本标段的主要施工设备情况、拟配备本标段的试验和检测仪器设备情况、劳动力计划等；结合工程特点提出切实可行的工程质量、安全生产、文明施工、工程进度、技术组织措施，同时应对关键工序、复杂环节重点提出相应技术措施，如冬雨季施工技术、减少噪音、降低环境污染、地下管线及其他地上地下设施的保护加固措施等。

2. 施工组织设计除采用文字表述外可附下列图表，图表及格式要求附后。

附表一　拟投入本标段的主要施工设备表

附表二　拟配备本标段的试验和检测仪器设备表

附表三　劳动力计划表

附表四　计划开、竣工日期和施工进度网络图

附表五　施工总平面图

附表六　临时用地表

附表一：拟投入本标段的主要施工设备表

序号	设备名称	型号规格	数量	国别产地	制造年份	额定功率（kW）	生产能力	用于施工部位	备注

附表二：拟配备本标段的试验和检测仪器设备表

序号	仪器设备名称	型号规格	数量	国别产地	制造年份	已使用台时数	用途	备注

附表三：劳动力计划表

单位：人

工种	按工程施工阶段投入劳动力情况						

附表四：计划开、竣工日期和施工进度网络图

1. 投标人应递交施工进度网络图或施工进度表，说明按招标文件要求的计划工期进行施工的各个关键日期。

2. 施工进度表可采用网络图（或横道图）表示。

附表五：施工总平面图

投标人应递交一份施工总平面图，绘出现场临时设施布置图表并附文字说明，说明临时设施、加工车间、现场办公、设备及仓储、供电、供水、卫生、生活、道路、消防等设施的情况和布置。

附表六：临时用地表

用途	面 积（平方米）	位置	需用时间

七、项目管理机构

（一）项目管理机构组成表

职务	姓名	职称	执业或职业资格证明					备注
			证书名称	级别	证号	专业	养老保险	

（二）主要人员简历表

“主要人员简历表”中的项目经理应附项目经理证、身份证、职称证、学历证、养老保险复印件，管理过的项目业绩须附合同协议书复印件；技术负责人应附身份证、职称证、学历证、养老保险复印件，管理过的项目业绩须附证明其所任技术职务的企业文件或用户证明；其他主要人员应附职称证（执业证或上岗证书）、养老保险复印件。

上述要求还应结合有关规定执行。例如，武警部队现役施工人员没有养老保险，可以采用警官证、士兵证等其他有效证件的复印件。

<table>
<tr><td>姓名</td><td></td><td>年龄</td><td></td><td>学历</td><td></td></tr>
<tr><td>职称</td><td></td><td>职务</td><td></td><td>拟在本合同任职</td><td></td></tr>
<tr><td>毕业学校</td><td colspan="5">年毕业于　　　　学校　　　　专业</td></tr>
<tr><td colspan="6">主要工作经历</td></tr>
<tr><td colspan="2">时　间</td><td colspan="2">参加过的类似项目</td><td>担任职务</td><td>发包人及联系电话</td></tr>
<tr><td colspan="2"></td><td colspan="2"></td><td></td><td></td></tr>
<tr><td colspan="2"></td><td colspan="2"></td><td></td><td></td></tr>
<tr><td colspan="2"></td><td colspan="2"></td><td></td><td></td></tr>
<tr><td colspan="2"></td><td colspan="2"></td><td></td><td></td></tr>
<tr><td colspan="2"></td><td colspan="2"></td><td></td><td></td></tr>
<tr><td colspan="2"></td><td colspan="2"></td><td></td><td></td></tr>
<tr><td colspan="2"></td><td colspan="2"></td><td></td><td></td></tr>
<tr><td colspan="2"></td><td colspan="2"></td><td></td><td></td></tr>
<tr><td colspan="2"></td><td colspan="2"></td><td></td><td></td></tr>
<tr><td colspan="2"></td><td colspan="2"></td><td></td><td></td></tr>
<tr><td colspan="2"></td><td colspan="2"></td><td></td><td></td></tr>
</table>

八、拟分包项目情况表

分包人名称		地址	
法定代表人		电话	
营业执照号码		资质等级	
拟分包的工程项目	主要内容	预计造价（万元）	已经做过的类似工程

九、资格审查资料

（一）投标人基本情况表

<table>
<tr><td>投标人名称</td><td colspan="9"></td></tr>
<tr><td>注册地址</td><td colspan="5"></td><td>邮政编码</td><td colspan="3"></td></tr>
<tr><td rowspan="2">联系方式</td><td>联系人</td><td colspan="4"></td><td>电话</td><td colspan="3"></td></tr>
<tr><td>传真</td><td colspan="4"></td><td>网址</td><td colspan="3"></td></tr>
<tr><td>组织结构</td><td colspan="9"></td></tr>
<tr><td>法定代表人</td><td>姓名</td><td></td><td colspan="2">技术职称</td><td colspan="3"></td><td>电话</td><td></td></tr>
<tr><td>技术负责人</td><td>姓名</td><td></td><td colspan="2">技术职称</td><td colspan="3"></td><td>电话</td><td></td></tr>
<tr><td>成立时间</td><td colspan="2"></td><td colspan="7">员工总人数：</td></tr>
<tr><td>企业资质等级</td><td colspan="2"></td><td rowspan="5">其中</td><td colspan="4">项目经理</td><td colspan="2"></td></tr>
<tr><td>营业执照号</td><td colspan="2"></td><td colspan="4">高级职称人员</td><td colspan="2"></td></tr>
<tr><td>注册资金</td><td colspan="2"></td><td colspan="4">中级职称人员</td><td colspan="2"></td></tr>
<tr><td>开户银行</td><td colspan="2"></td><td colspan="4">初级职称人员</td><td colspan="2"></td></tr>
<tr><td>账号</td><td colspan="2"></td><td colspan="4">技　工</td><td colspan="2"></td></tr>
<tr><td>经营范围</td><td colspan="9"></td></tr>
<tr><td>备注</td><td colspan="9"></td></tr>
</table>

（二）近年财务状况表

（三）近年完成的类似项目情况表

项目名称	
项目所在地	
发包人名称	
发包人地址	
发包人电话	
合同价格	
开工日期	
竣工日期	
承担的工作	
工程质量	
项目经理	
技术负责人	
总监理工程师及电话	
项目描述	
备注	

（四）正在施工的和新承接的项目情况表

项目名称	
项目所在地	
发包人名称	
发包人地址	
发包人电话	
签约合同价	
开工日期	
计划竣工日期	
承担的工作	
工程质量	
项目经理	
技术负责人	
总监理工程师及电话	
项目描述	
备注	

（五）近年发生的诉讼及仲裁情况

十、其他材料

本书编写组名单

《使用指南》编写领导小组组长：

杜　鹰

《使用指南》编写领导小组成员：

任　珑　孔令龙　王晓涛　李敬辉　王　宁　刘宇昕　张　梅
苏全利　李彦武　李　华　张春林　钱庭硕　周学文　刘伟平
孙继昌　刁永海　邹　伟

《使用指南》编写工作小组成员（以姓氏笔画为序）：

王　刚　王松波　王晓州　田家珍　孙杰民　江　华　张作智
张治峰　李永恒　李传光　李茂年　杨小华　沈美丽　肖渭明
苏　琳　周法兴　罗国三　胡　滨　赵东晓　骆　涛　高　天
韩志峰

《使用指南》编写专家（以姓氏笔画为序）：

毛林繁　冯志祥　石国虎　刘成贵　朱建元　何建新　李开运
杨丽坤　邱　闯　陈纪伦　唐广庆　唐　军　唐　涛　袁炳玉
程向东